核桃嫁接与整形修剪技术图谱

王　念　魏玉君　主编

河南科学技术出版社
·郑州·

图书在版编目（CIP）数据

核桃嫁接与整形修剪技术图谱 / 王念，魏玉君主编. —郑州：河南科学技术出版社，2023.5

ISBN 978-7-5725-1182-0

Ⅰ. ①核… Ⅱ. ①王… ②魏… Ⅲ. ①核桃—嫁接—图谱 ②核桃—修剪—图谱 Ⅳ. ①S664.1-64

中国国家版本馆CIP数据核字（2023）第064073号

出版发行：河南科学技术出版社

地址：郑州市郑东新区祥盛街27号　　邮编：450016

电话：（0371）65737028　65788613

网址：www.hnstp.cn

编辑信箱：hnstpnys@126.com

策划编辑：陈淑芹　陈　艳

责任编辑：刘　瑞

责任校对：丁秀荣

装帧设计：张德琛

责任印制：张艳芳

印　　刷：河南瑞之光印刷股份有限公司

经　　销：全国新华书店

开　　本：890 mm × 1240 mm　1/32　印张：4.5　字数：130千字

版　　次：2023年5月第1版　2023年5月第1次印刷

定　　价：35.00 元

《核桃嫁接与整形修剪技术图谱》

编写人员

主　　编：王　念　魏玉君

副 主 编：何　威　王文君　李明春

编　　委：任媛媛　侯志华　郑　蕾　翟翠娟　钱世江

徐　辉　张秋娟　王　刚　汪　衡　王晋生

前 言

核桃主要分布于中亚、西亚、南亚和欧洲，生于海拔 400 ~ 1 800 米的山坡及丘陵地带。我国是世界核桃原产地之一，核桃在我国具有三千多年的栽培历史。核桃是一种经济价值很高的木本油料果树，因其果仁营养丰富、风味独特和用途多样而跻身于世界四大干果之一（核桃、扁桃、榛子、腰果）。随着科学技术的发展和人类生活水平的提高，核桃仁、青皮、种壳、枝条、花的药用价值和开发利用技术均取得了新的进展，显现出核桃综合开发利用的广阔前景。

“十二五”期间，国家林业局（现为国家林业和草原局）将核桃列为 6 个战略性干果产业之一（油茶、核桃、板栗、枣、柿子、仁用杏），《森林河南生态建设规划（2018—2027 年）》提出推进核桃、油茶、枣等木本粮油林高产稳产基地建设，加快特色经济林生产基地建设。根据规划，全省要新建核桃生产基地 126.8 万亩，改培 74.4 万亩。目前，中国的核桃产量占世界的 60%，种植面积 1.2 亿亩，位居世界第一，年产量超过 400 万吨，核桃产业已成为木本油料中产量最高的和发展潜力最好的树种。核桃产业的蓬勃发展，是促进农村产业结构调整，增加农民收入的一项重要措施，更是僻远山区农村种植结构调整及农民脱贫致富的首要选择。

在核桃生产中，整形修剪是树体管理的重要环节之一。通过修剪改善树体结构，促进通风透光，从而提高产量和品质。嫁接是改善优良品种的重要手段，既能保持接穗品种的优良性状，又能利用砧木的有利特性，达到早结果，增强抗寒性、抗旱性、抗病虫害的能力，还能经济利用繁殖材料，增加苗木数量。嫁接技术是快速推广优良品种、提高果皮品质，快速实现优良品种规模化、产业化栽培的重要途径。如何才能更好地指导我国核桃生产，提高我国核桃的产量、品质和效益，改善全国大面积的低产低效核桃林，全面普及和推广核桃栽培新品种、新技术，我们在多年从事核桃科研和生产实践的基础上，积累大量的视频影像资料，又查阅大量的最新资料，以图文并茂的形式编写了《核桃嫁接与整形修剪技术图谱》一书，期望能给广大核桃生产者提供参考。

本书编写过程中总结科研实践经验，采集了大量的视频影像资料，收集了近30年来我国核桃生产和科研成果，以图片和文字相结合的形式详细介绍了核桃的高接换优技术，整形修剪、嫁接育苗技术。力求内容科学准确、文字浅显易懂、图片形象直观，突出实用性、先进性，保证了技术的可操作性，便于读者学习和掌握。

本书在撰稿过程中引用大量的文献资料、科研成果、数据等，由于篇幅所限，除书中和参考文献中注明外，其余不再一一列述，在此谨向文献资料等的作者表示诚挚的谢意。由于时间仓促，加之作者水平有限，书中可能有疏漏和不当之处，恳请同行、专家和广大读者惠予指正，以便进一步修改和补充，在此深表谢意！

编　者

2022 年 10 月

目录

第一部分　概　况

核桃（*Juglans regia* L.），原产于近东地区，又称胡桃、羌桃，属核桃系胡桃科（Juglandaceae）植物，是世界上重要的坚果树种和木本油料树种，与扁桃、腰果、榛子并称为世界著名的“四大干果”。我国是世界核桃原产地之一，种质资源丰富，栽培历史悠久，种植面积和产量都居于世界之首，核桃是我国重要的经济作物之一。据《中国核桃》一书记载，我国现有核桃植物（包括从国外引种和已发现的天然杂交种）共分3组8个种。核桃组：核桃、铁核桃；核桃楸组：核桃楸、野核桃、麻核桃、吉宝核桃、心形核桃；黑核桃组：黑核桃。其中，核桃和铁核桃的种植面积最多、最广泛。

第一节 核桃特性

一、生物学特性

核桃属于被子植物门、双子叶植物纲、胡桃科、核桃属（*Juglans* L.），是高大落叶乔木。高度可达3～10米，树皮幼时灰绿色，老时则灰白色而纵向浅裂。枝条髓部片状，幼枝先端具细柔毛（2年生枝常无毛）。奇数羽状复叶长25～30厘米，叶柄及叶轴幼时被有极短腺毛及腺体小叶通常5～9枚，稀3枚，椭圆状卵形至长椭圆形，长6～15厘米，宽3～6厘米，顶端钝圆或急尖、短渐尖，基部歪斜、近于圆形，叶全缘或在幼树上者具稀疏细锯齿，上面深绿色，无毛，下面淡绿色，侧脉11～15对，腋内具簇短柔毛，侧生小叶具极短的小叶柄或近无柄，生于下端者较小，顶生小叶常具长3～6厘米的小叶柄。

花为单性花，花期3～5月，雌雄同株，雄花和雌花的花期大多不一致，雄花先开的称为雄先型，雌花先开的称为雌先型，以上两种情况都称为雌雄异熟型，有少数雄花和雌花一起开的，称为雌雄同熟型。雄性柔荑花序下垂，雄花有雄蕊6～30个，萼3裂，长5～10厘米。雄花的苞片、小苞片及花被片均被腺毛。花药黄色，无毛。雌花1～3朵聚生，花柱2裂，赤红色，雌花的总苞被极短腺毛，柱头浅绿色（图

1-1）。

果实在8～9月成熟，成熟果实椭圆形，近于球状，直径4～6厘米，灰绿色。幼时具腺毛，老时无毛。果核稍具皱曲，有2条纵棱，顶端具短尖头。隔膜较薄，内里无空隙，内果皮壁内具不规则的空隙或无空隙而仅具皱曲。内部坚果球形，黄褐色，表面有不规则槽纹。核桃壳是内果皮，外果皮和内果皮在未成熟时为青色，成熟后脱落（图1-2）。

雌花　　雄花　　叶片

图 1-1　核桃花序及叶片

图 1-2　核桃果实

二、生态学特性

核桃为阳性树种，喜光照充足、温暖、湿润的气候，比较耐寒冷，耐干旱，但不耐湿热。其适宜的生境气候是：年日照时数在2 000小时以上，年平均气温在9 ~ 16 ℃，无霜期150 ~ 240天，年降水量不少于500毫米。适宜大部分土地生长，喜石灰性土壤，土层深厚、疏松、肥沃、湿润，要求土层厚度大于1米，pH值的适应范围在5.5 ~ 8.0之间。核桃在含钙的微碱性沙质土壤上生长最佳。不耐盐碱，土壤含盐量宜在0.25%以下。核桃对土壤水分状况尤为敏感，土壤过旱或过湿均不利于核桃的生长与结实。因核桃喜光，适于栽植在阳坡上和平地上。

第二节 核桃的分布及产区

一、核桃分布

核桃原产于中亚细亚，由此向西传播到欧洲各国，向东传播到亚洲西部及印度等地。全世界核桃主要分布于中亚、西亚、南亚和欧洲，生长于海拔400 ~ 1 800米的山坡及丘陵地带，全世界核桃属（*Juglans* L.）植物约有23个种。世界上生产核桃的国家有53个（图1-3），其中亚洲18个，欧洲26个，美洲6个，非洲2个，大洋洲1个。其中亚洲的主产国有中国、伊朗和土耳其；欧洲的主产国有乌克兰、法国和罗马尼亚；美洲的主产国有美国、墨西哥和智利；非洲的主产国是埃及。亚洲的核桃产量占世界总产量的68.61%。

核桃在向东传播的过程中，大约在公元前二世纪被引进中国，然后逐渐繁殖，成为今天我国华北、西北一带普遍栽培的果树。中国是核桃属植物的起源和分布中心之一，种质资源丰富。原产中国的有5个种，即核桃（*J.regia* L.）、野核桃（*J.cathayensis* Dode）、核桃楸（*J.Mandshurica* Max.）、麻核桃（*J.hopeiensis* Hu）和铁核桃

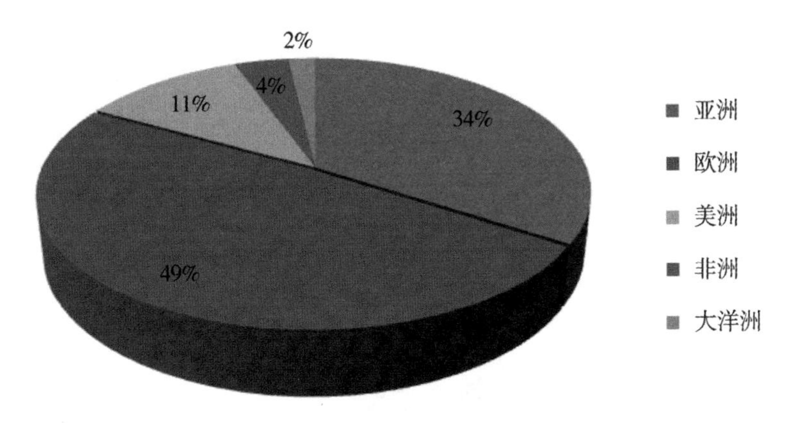

图 1-3　世界核桃生产国家分布

（*J.sigillata* Dode）。

中国是世界上核桃栽培面积和产量最大的国家，核桃在中国的水平分布范围：从北纬21° 08′ 32″ 的云南勐腊县到北纬44° 54′ 的新疆博乐市，纵越纬度23° 25′；西起东经75° 15′ 的新疆塔什库尔干，东至东经124° 21′ 的辽宁丹东，横跨经度49° 06′。现已经形成四大栽培区域：即西南区（包括云南、四川、贵州、重庆、西藏、广西）、大西北区（包括新疆、陕西、甘肃、山西、青海、宁夏）、东部沿海区（包括广东、海南、辽宁、河北、天津、山东、江苏、浙江、福建）、华中地区（包括河南、湖北、湖南、安徽等地区）。

二、我国核桃种植面积与产量

据统计，2017年我国核桃总面积达670万公顷，占全国经济林总面积的15%，有10个省（自治区）的种植面积都在10万公顷以上。

在我国核桃种植面积迅速增加的同时，产量也迅速增长。据《中国林业统计年鉴》统计：2014年，我国核桃（干果）总产量为271.37万吨，而2002年总产量仅为34.3万吨，年增长率达到57.59%。作为我国核桃主产区的西南区和大西北区，2014年产量分别为117.43万吨和90.85万吨，分别占全国总产量的43.27%和33.48%，其中，仅云南和新疆两地的核桃总产量就高达128.55万吨，占全国总产量的47.37%；

四川、陕西、甘肃、山西四省的年产量都在10万吨以上。东部沿海区和中部区也是我国核桃的重要生产区域，2014年产量分别为40.68万吨和22.41万吨，分别占全国总产量的14.99%和8.26%。东部沿海区又以环渤海湾为核心，其中辽宁、河北、山东三省的总产量为32.02万吨，占东部沿海区总量的78.8%。华中地区的湖南、湖北、河南的产量都在9万吨以上（图1–4）。

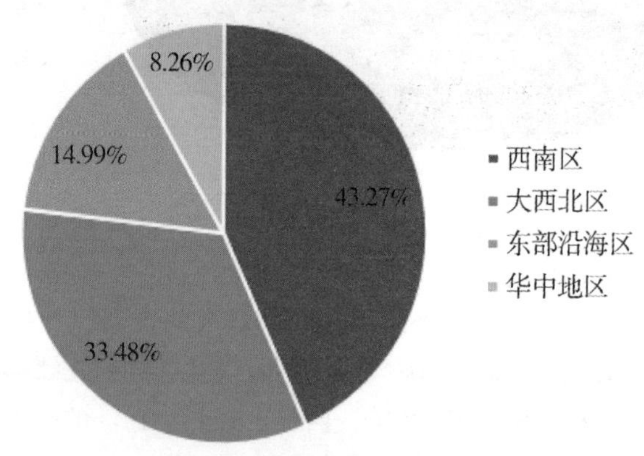

图 1–4　2014 年我国核桃四大产区产量占比图

三、核桃种植市场前景

近年来，从国家到各省（直辖市、自治区）对核桃产业的发展都非常重视，相继出台相关的核桃产业发展战略和规划，要求在积极培育林业主导产业的基础上，建立起一大批产业特色突出、主导优势明显的核桃县，加以科学合理布局，发展县域经济，带动农民经济收入持续增长。2010年，中共中央1号文件明确要求，要积极发展油茶、核桃等木本油料。自此，核桃发展被列入强农惠农政策之中，与种粮一样，不少地方的农民种植核桃同样可以享受包括种粮补贴、农机具补贴、化肥农药补贴等多项惠农政策。2011年，经国务院审批颁布的《全国林业发展“十二五”规划》将木本粮油和特色经济林列为十大主导产业，这是核桃发展的政策支持，核桃作为横跨两类产业的主要树种，赢得了更大的发展空间。2011~2012年，财政部颁发相关文件，要求整合各类资金，支持木本油料的发展，这为核桃产业的发展注入了强大的动力。2014年，国家发展改革委、财政部和国家林业局联合印发了《全国优势特色经济林发展布局规划（2013—2020年）》，明确要求各地整合各类涉农、涉林资金在全国优先规划和重点扶持以核桃、油茶、板栗等为主体的优势特色经济林产业。2015年，国务院办公厅印发《关于加快木本油料产业发展的意见》，突出加快以核桃、油茶为主体的木本油料产业发展，以大力增加健康优质食用植物油供给，切实维护国家粮油安全。可见核桃在我国当前林业经济中的重要地位。

自2009年首次中央林业工作会议上明确提出发展核桃产业的目标，规划到2020年核桃种植面积达到507万公顷，产量达580万吨。多个省份制定了明确的核桃产业发展规划，以河南省为例：2018年《森林河南生态建设规划（2018—2027年）》中提出：围绕实施乡村振兴战略，充分挖掘林业产业在绿色发展中的优势和潜力，以政策引导、示范引领、龙头带动为抓手，发展特色产业，扶持新兴产业，提升传统产业，打造产业品牌，优化产业结构，壮大产业化集群，构建现代林业产业体系、生产体系和经营体系，促进林业一二三产业融合发展，加快林业产业绿色化、优质化、特色化、品牌化建设步伐。通过发展林业产业促进精准扶贫、精准脱贫。加强特色林业基地建设。加快优质林果产业发展，推进核桃、油茶、枣等木本粮油林高产稳产基地建设，加快特色经济林生产基地建设。根据规划，全省要新建核桃生产基地126.8万亩，改造74.4万亩。以名特优新经济林基地为依托，重点扶持经济林产品加工企业，特别是核桃、油茶、油用牡丹、枣、茶叶等加工龙头企业建设及技术改造，扩大生产规模，提高产品质量，创国际国内名牌，大幅度提高产品竞争力。因此，核桃产业的蓬勃发展，是促进农村产业结构调整，增加农民收入的一项重要措施，更是僻远山区农村种植结构调整及农民脱贫致富的首要选择，能够极大地促进这些地区的精准脱贫，具有广泛的社会效益。

在宏观政策和市场双重刺激下，核桃作为重要的生态经济林木和重要木本油料，在我国的种植面积已经发生了飞跃，种植规模和产量稳步增长，进一步拓宽了核桃产业发展空间，推动了核桃产品的消费升级和规模扩大，使更多消费需求得到满足，产品供不应求。我们通过两组数据，可以看出核桃产业不凡的发展轨迹。一是我国核桃产量从1990年的14.9万吨，到2000年的30.98万吨，再到2011年的165.55万吨，20年间提高了10多倍；带壳坚果销售价格从1990年的每千克8元，上升至2011年的每千克40元，提高4倍。二是甘肃省康县核桃产业在农业中的比重为43.9%，核桃收入占农民总收入的38.7%；云南省漾濞彝族自治县核桃产业在农业中的比重为12%，核桃收入占农民总收入的73%。事实表明，核桃产业已成为许多主产区农村经济的支柱产业、富民产业。据不完全统计，在地方政府的推动下，目前全国核桃种植面积在667公顷（1万亩）以上的重点县有300多个，其中面积6 667公顷（10万亩）的有131个县。

目前，我国核桃生产市场虽然仍存在诸多不足，但随着核桃深加工产品的不断增多和需求量的不断增长，核桃产品蕴藏着巨大的发展空间。受益于可观的市场和不错的产业发展前景，将会有更多的企业进入该市场。根据中国产业信息《2017—2023年中国核桃产业竞争格局及发展趋势研究报告》中对中国核桃市场需求量走势预测2021年国内核桃产量将达到648.57万吨（图1-5）。

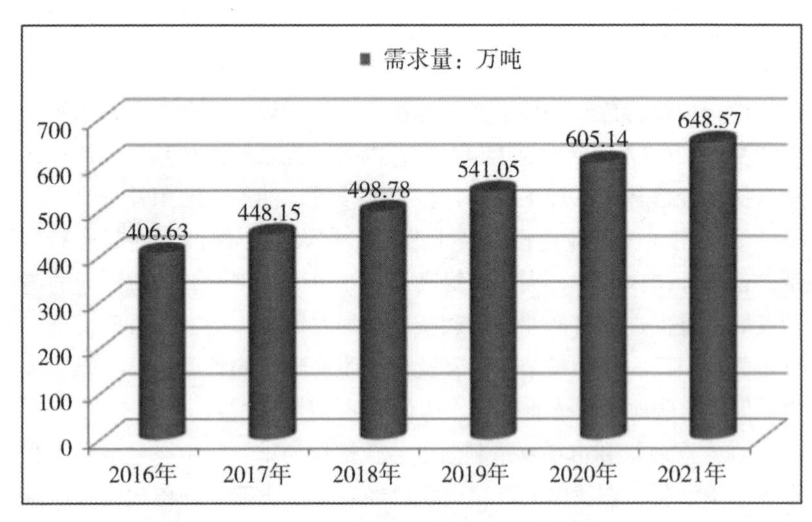

图 1-5　2016—2021 年中国核桃市场需求量走势预测

第三节　核桃的应用价值及开发利用

核桃是集生态效益与经济效益于一体的经济树种。其食用产品具有安全优质、绿色健康、营养丰富、口感清淡，易于被人体消化吸收等诸多优点而深受消费者的认可和青睐，市场规模不断扩大，呈现逐年稳步增长的趋势。加之生态环境建设需要，大力发展核桃经济林已成为我国北方地区农民致富增收的必然选择。

一、生态价值

1.对气候因子的调节　核桃属落叶乔木，树体高大，根系发达，寿命长，对生境地小气候具有独特的改良功能，使生境地表现出气候温润、空气洁净的特点。这些改良功能主要体现在光、温、湿、气等因子改变上。核桃的枝干和树冠能吸收和散射、反射掉一部分太阳辐射能，减少地面增温，同时使到达地面的直射光减少，散射光增多；会削减吹过地面的风速，使空气流量减少，起到保温保湿作用和减弱土壤风蚀；释放大量氧气并具有较强的拦截烟尘、吸收二氧化碳的能力，能净化空气，改善大气生态平衡；核桃树冠可阻截10%~20%的降水，其中大部分蒸发到大气中，余下的降落到地面或沿树干渗透到土壤中成为地下水，进而增加空气湿度。据有关科研成果表明，一株50年生，树干高15米、冠厚10米、冠幅30米的核桃树，一天可蒸发水100～150千克，可提高大气相对湿度15%，提高土壤含水率5.5%，降低气温1.5～3.6 ℃，降低风速32%，减少水分蒸发量13%以上。冬季无叶时能降尘26%，春季展叶后可降尘44.7%。

2.保持水土和涵养水源功能　庞大的地下根系和巨大的地上树冠具有较强的水土保持与水源涵养功能。核桃地下部分具有强大的主、侧根和分布广而密的须根。一般10年生的树根深可达3米，根幅则是树冠的2～3倍，成龄树根系大多分布在30～60厘米表层土壤中，这些庞大的根系对土壤有很强的黏附和固着作用，能很好地固土保土。地上部分茂密的枝叶能够截留降水，减弱雨水对表层土壤的冲刷。截留的降水大部分被蒸发到大气中，增加了空气湿度，其余降水落到地面或沿树干渗透到土壤中成为地下水被涵养。还有核桃秋季的枯枝落叶会在地表形成一定的腐质层，在一定程度上增强土壤吸水，延缓径流。俗有“一株核桃树一把伞，一片核桃林一股泉”的说法。核桃树的这种截流、吸收、蓄积降水的功能及深根固土保土作用，对山区减轻旱灾、洪灾，减少泥石流发生，避免水土流失尤其具有意义。

3.对生物因子的影响　栽植成林的核桃树，在绿化荒山的同时，既可使生境地的水、热、气等气象因子发生改变，创设当地更适宜的生物生存环境，极大地改善生态状况，调节生态平衡；又可形成绿色景观，优化、美化山川环境和提供生态憩息。不管是分散种植还是连片种植，核桃高大繁茂的树体可为多种野生小动物，如喜鹊、麻雀等提供繁衍栖息地和活动场所。核桃树的枯枝则可成为一些菌类，如木耳等的生活场所，为生境地提供了更加丰富的食物链层。另外，核桃与一些植物之间存在着化感作用，核桃树的根、茎、叶等会分泌出大量的胡桃醌等有毒物质，这些有毒物质或以挥发性气体释放到环境中，或通过雨水淋洗落到下面的植株上、渗入土壤中毒害其他植物、抑制其他植物的生长发育。因此，在核桃树下的土表层上通常没有其他植物生长，表土多裸露。胡桃醌还会对核桃树周围的苹果、茶树、海棠等木本植物和番茄、马铃薯、紫花苜蓿等草本植物产生毒害作用，甚至使之无法生长。

二、经济价值

1.药用价值　核桃的药用价值很高，在中药中应用广泛。中医认为核桃性温、味甘、无毒，有健胃、补血、润肺、养神等功效。现代医学研究认为，核桃中的磷脂有补脑健脑作用。核桃仁中含量较高的谷氨酸、天冬氨酸、精氨酸，对人体有着重要的生理功能。谷氨酸在人体内可促进γ-氨基丁酸的合成，从而降低血氨，促进脑细胞呼吸，可用于治疗神经精神疾病如神经衰弱、精神分裂症和脑血管障碍等引起的记忆和语言障碍及小儿智力不全等。精氨酸在人体内有助于苏氨酸循环，在人体肝脏内将大量的氨合成尿素，再由尿排出以解氨毒，所以精氨酸具有解毒、恢复肝脏功能的特殊生理作用。核桃仁中不饱和脂肪酸主要为亚油酸和亚麻酸，这两种脂肪酸不仅有较高的营养价值，而且还具有一定的药用功效。亚油酸、亚麻酸是人体内合成前列腺和PGE的必需物质，PGE具有防血栓、降血压、防止血小板聚集、加速胆固醇排泄、促进卵磷脂合成、抗衰老的特殊功效。

2.营养价值 核桃具有很高的营养价值，富有蛋白质、脂肪、矿物质和维生素，有“万岁子”“长寿果”的美誉，它既可以生食，也可以炒食、炸油、配制糕点等。核桃中86%的脂肪是不饱和脂肪酸。每100克核桃中大约含蛋白质15.4克，脂肪63克，碳水化合物10.7克，钙108毫克，磷329毫克，铁3.2毫克，硫胺素0.32毫克，核黄素0.11毫克，烟酸1.0毫克。脂肪中除含有营养价值较高的亚油酸外，还富含丰富的维生素B、维生素E，可防止细胞老化，具有健脑补脑、增强记忆力、润肌乌发及延缓衰老的功效。科学家们发现，每100克核桃肉中含有20.97个单位的抗氧化物质，它比柑橘高出20倍，人体吸收了核桃的抗氧化物质，可使机体免受很多疾病的侵害。常食用核桃食品可有效减少血液中胆固醇的含量，减少肠道对胆固醇的吸收，有助于防治高脂血症、动脉硬化症和冠心病。

3.工业价值 随着技术研发能力不断提升，核桃产品附加值被源源不断地发掘利用，已实现从单一食用向多元化、深层次的开发，产品种类、产品质量和产品附加值日趋完善，核桃加工已实现从青皮到壳、仁的全利用，构建起了完整的核桃产业链，实现“吃干榨净”。除即食食品、饮料糕点外，核桃分心木被制成保健茶，原来被废弃的核桃青皮中，生产出的单宁酸粉末成品作为一种“绿色”染料，其市场价与化工合成的单宁酸持平，而且因为它绿色天然，目前在市场上供不应求。核桃的油脂含量高达65%～70%，居所有木本油料之首，有“树上油库”的美誉，利用先进工艺提取的核桃油除主要作营养保健油直接食用外，还可在制作糕点和营养食品中作添加剂用。在工业方面，它是一种干性油，干燥成膜后，颜色不会发黄，可制造上等油漆及绘画颜料。核桃仁榨油后的残渣，即核桃粕，可以用来作为蛋白原料进行核桃酱油的生产，高品质核桃酱油的开发使核桃资源得以充分利用，对建立和健全健康的中国调味品市场有着深远意义。核桃壳曾一度被作为弃物处理，如今有研究表明，用处理过的核桃壳制造的过滤器，对石油、冶金、煤炭等行业在生产加工过程中产生的含油污水，在深度和精细化处理过程中具有较好的过滤作用。核桃壳颗粒还适用于气流冲洗操作的研磨剂，在涂料中添加核桃壳颗粒，能够增加涂料的鲜活立体感，如若在炸药中添加了核桃壳颗粒还能够增加威力，也可应用于化妆品行业，增加清洁效果。此外，核桃树木材结构紧密、力学强度高、耐压抗震能力强、不翘不裂、纹理美观、色泽亮丽，且易加工，是制造高档家具、军工、建筑、装饰和工艺雕刻的理想用材和胶合板用材。

4.观赏价值　“不雕不贵，一雕翻倍”，核桃壳因质地坚硬、小巧玲珑，常被雕刻成工艺品进行观赏，市场升值空间不可估量。核桃把玩件因包浆自然油润，寓意吉祥，常作为把玩、收藏或馈赠之佳品，受到市场的热捧。

5.生态效益　核桃具有冠大根深，株形优美，耐瘠薄、适应性强等诸多优点，而且群众基础好，易推广。大面积栽植的成片核桃对提高森林覆盖率、防风固沙、保持水土、涵养水源等效果明显。因此，在许多重大林业生态工程建设中，如退耕还林、三北防护林、防沙治沙、荒漠化治理等工程，均将核桃列为工程建设树种，且所占比例有逐年增加的趋势，这对于遏制石漠化等蔓延有着积极作用，生态效益十分突出。

第二部分 核桃嫁接育苗技术

我国大部分核桃产区历史上沿用实生繁殖（即种子繁殖，又叫有性繁殖），繁殖的后代良莠不齐，单株间差异悬殊，而且近几年核桃根系病害和果实病害多发，对核桃的产量和质量造成了一定影响。因此，核桃生产栽培最好选择优良品种，通过使用无性繁殖，嫁接繁育壮苗等措施，既能保持母本的优良性状，又能对核桃产业健康、高效和持续发展起到积极的推动作用。

第一节　砧木的种类

砧木是指嫁接繁殖时承受接穗的植株。果树栽培中利用的砧木有两类：一类是实生繁殖的砧木；另一类是无性繁殖的自根苗或称无性系砧木。砧木的种类、质量和抗性直接影响嫁接成活率及经济效益。选择适合当地的砧木是保证核桃丰产的先决条件，采用合适的接穗和合适的砧木的嫁接苗长成的大树，具有早产、丰产、果实品质好、适应性强等特点。以下是几种主要的核桃砧木，其中前4种最为常用。

1.核桃　胡桃科核桃属，是比较耐旱的砧木类型，中国的西北、东北、华中、西南均有分布。以普通核桃作砧木，具有嫁接成活率高、亲和力强、接口愈合牢固、植株生长旺盛、丰产性好等诸多优点，在我国北方使用较为普遍。河北、河南、山东、山西、北京等地近几年嫁接的核桃苗均采用本砧，其成活率高，生长结果正常。在国外有报道以核桃本砧作砧木是目前克服核桃黑线病的唯一解决办法。但是，由于长期采用商品种子播种育苗，实生后代分离严重，类型复杂，在出苗期、生长势、抗性以及与接穗的亲和力等方面都有所差异，培育出的嫁接苗也多不一致。因此，种苗繁育应选择来源一致的种子，避免混杂种子导致砧木苗一致性差，破坏了接穗良种的正常生长结果习性。由于核桃不耐湿涝性，不适合在地下水偏高的地区用作砧木推广使用。

2.铁核桃　又叫夹核桃、坚核桃、硬壳核桃等，与泡核桃是同一个种的两个类型，主要分布于我国西南各省区。坚果壳厚而硬，果形较小，取仁困难，出仁率低，壳面刻沟深而密，商品价值低。铁核桃作为泡核桃品种的嫁接砧木使用，属种内嫁接，其侧根发达，亲和力强，生长势强，抗寒性差，较耐湿热，适应亚热带气候。实生的铁核桃是泡核桃、娘青核桃、三台核桃、大白壳核桃、细香核桃等优良品种的良好砧木，用铁核桃嫁接泡核桃在我国云南、贵州等地应用历史悠久，效益显著，在实现品种化栽培方面起到了良好的示范作用。

3.野核桃　别名山核桃，落叶乔木或小乔木；属喜温树种，但耐寒性强，较耐湿热，不耐瘠薄，喜肥沃、湿润、排水良好的微酸性土至微碱性土。野核桃与本属其他种的主要区别是小叶长成后下面密被短柔毛及星芒状毛；果序长而下垂，果实呈串状（最多可达10多个），果实个小，果壳也更为坚厚，出仁率低，可制肥皂，作润滑油。主要分布在湖北、湖南、江苏、四川、贵州等地区，通常作为矮化砧使用。近年来，山东省果树研究所利用野核桃与早实核桃杂交，也选育出一系列种间优系，其结果较早，果实也较大，而且表现出较好的抗性。

4.核桃楸　又叫楸子、胡桃楸、山核桃等，落叶阔叶乔木，原产于中国东北，在中国主要分布于小兴安岭、完达山脉、长白山区及辽宁东部，多散生于海拔300～800米的沟谷两岸及山麓，山区垂直分布可达2 000米以上。喜光，耐寒性较强，可耐–50 ℃的低温；适于腐殖质深厚、湿润、排水良好的谷地或山坡下腹；根系发达，生长较快，萌蘖性较强，也耐干旱和瘠薄。果实壳厚而硬，取仁难，表面壳沟密而深，商品价值低。核桃楸野生于山林当中，种子来源广泛，育苗成本低，能增加品种树的抗性，扩大良种核桃的分布区域。核桃楸与核桃同属异种，虽彼此间有一定亲和力，但嫁接苗生长容易出现“小脚”现象，成活保存率也不高，后期亲和力表现较差。

5.麻核桃　又叫河北核桃，俗称文玩核桃，是核桃与核桃楸的自然杂交种，落叶乔木，树高一般为3～5米，主要分布于河北和北京，山西、山东也有发现。喜光，喜肥，耐干燥的空气，而对土壤水分状况却比较敏感，土壤过旱或过湿均不利于麻核桃的生长与结果；

喜疏松土质和排水良好的土壤。坚果多数个大，壳厚，核仁少，刻沟极深，虽无食用价值，但形态雅致，主要用于文玩收藏、工艺品和手疗，主要品种有狮子头、公子帽、官帽、灯笼、鸡心、虎头等。它同核桃的嫁接亲和力很强，嫁接成活率也高，可做核桃砧木，只是种子来源少，产量低。

6.黑核桃 属于核桃属黑核桃组，原产于北美洲，为大乔木，树高可达30米以上，是世界上公认的最佳硬阔材树种之一。以黑核桃作砧木，其抗病虫能力强、耐盐碱、抗湿黏、抗寒类型，可耐-43 ℃的低温，对不良环境适应性强。引种到中国并试种成功后，逐步推广到全国20多个省区，许多省的试验种植都优于原产地。在我国江苏、上海、辽宁、山西、河南等地有栽培。

7.奇异核桃 奇异核桃是美国北加州黑核桃与普通核桃的杂交种，杂种优势明显，生长速度快，树势旺盛；对土壤pH值要求不严格，较耐旱、耐寒、耐涝、抗盐碱；对土壤蜜环菌根腐、疫霉菌属根颈腐、褐斑病等有较强抗性。自1970年开始，奇异核桃成为美国加州栽培核桃的主要砧木资源。以奇异核桃为砧木，其根系发达、生长迅速、树势强壮、产量提高。奇异核桃在我国也表现出较好的适应性和嫁接亲和性。但是奇异核桃与黑核桃类似，对核桃黑线病和樱桃卷叶病高度敏感。

8.吉宝核桃 又叫鬼核桃、日本核桃等。喜光，耐寒，抗旱、抗病能力强，适应多种土壤生长，喜水、肥，同时对水肥要求不严，落叶后至发芽前不宜剪枝，易产生伤流。原产于日本北部和中部山林中，20世纪30年代引入我国，在辽宁、吉林、山东、山西有栽植，可作为核桃育种亲本和嫁接核桃的砧木，其抗性仅次于核桃楸，并且不抽条，嫁接后与核桃亲和力强。

9.其他核桃砧木品种 近年来，我国开始重视砧木在核桃产业中的重要性，选育了一些砧木品种。如：山西省林业科学院研究人员通过多年的试验、观察，从山西省屯留县核桃实验站选出的晋RS核桃砧木优系，具有生长健壮、耐寒、耐旱、抗病虫害、繁殖能力强的特点，2012年通过山西省林木良种审定。中国林业科学研究院采用美国加州魁核桃与普通核桃杂交选育出“中宁强”和“中宁奇”核桃砧木新品种，在河南省多点区域试验中，嫁接苗表现速生、耐旱性强、嫁接亲和性好、出圃率高、早实性强、丰产性好、坚果品质优良等特点，2013年通过河南省林木品种审定委员会审定。

第二节　砧木苗的繁育技术

壮苗是核桃生产的基础，也是制约我国核桃发展的根本问题。20世纪70～80年代以前，因为无法解决核桃嫁接后伤流液过多，枝条单宁含量高等技术问题，所以在栽培核桃时都是以实生繁殖为主。建立科学、规范的高标准苗木基地对核桃良种选育、繁育和推广尤为重要。近年来，随着技术的逐步成熟，实生繁殖已经从培育栽培或造林用苗逐步过渡到以繁殖核桃实生砧木苗为主，实生砧木苗经嫁接后繁育成嫁接苗，嫁接苗的种植大大推进了核桃良种化的进程，提高了核桃的产量和质量。

一、苗圃地选择及整地

1.苗圃地选择　苗圃地选择要充分考虑当地的气候、交通、地形、土壤、水源等条件，结合核桃的适应性（较耐干旱、瘠薄），尽量选在背风向阳、地势平坦、土壤肥沃、土层厚度大于1米、排灌方便，且交通便利的地方，便于生产资料和苗木运输，利于机械化作业的地块，pH值以7～7.5为佳，土壤以沙壤土、壤土和轻黏壤土为宜。及时对苗圃地周边进行踏查，详细了解自然和人文环境，特别是土壤、气候、水源和病虫害等。为便于生产管理，苗圃可分为采穗圃和繁殖区两部分。育过一茬苗后要进行“倒茬”，重茬导致苗木生长不良、病害严重等现象。若免不了重茬时，除多施入土杂肥（每亩500千克左右）外，每亩应施入黑矾（硫酸亚铁）10千克，以补充铁元素的减少，防止苗木黄化。同时，还应加强土壤消毒及病虫害防治工作。

2.苗圃整地 整地是苗木生产的一项重要措施，是苗木生长和质量的重要保障。整地方法主要是进行深翻耕作，深度应因时因地制宜。通过对圃地的整理，可有效增强土壤的透气透水性能，有利于保水保墒、清除病虫害等。整地时可增施农家肥、尿素等，提高地力。同时可加入辛硫磷颗粒、硫酸亚铁等对土壤进行消毒灭菌处理。为提高种子出芽率和苗木质量，可增覆地膜。

秋季翻耕宜深（20～25厘米），春季翻耕宜浅（15～20厘米）；干旱地区宜深，多雨地区宜浅；土层厚地宜深，河滩地宜浅；移植苗宜深（25～30厘米），播种苗宜浅。结合深耕每亩施有机肥4 000千克左右，并灌足水。春季播种前可再浅耕1次，耙平后做畦（垄）以供播种用。

作业方式：可分为高畦（床）（图2–1）、低畦（床）（图2–2）和垄作（图2–3）3种。一般干旱地区多用低畦，多雨地区常用高畦，北方多数地区习惯用低畦。不论采用何种形式，均应以便于管理、有利于排水和浇灌为宜。高畦的畦面一般高于步道沟15～20厘米，宽约1米，步道宽50～60厘米。低畦的畦面低于步道沟15～25厘米，宽1～1.5米，步道宽40厘米左右。长度随地形而定，多为10～20米。垄作是在土地平整后用犁或人工做垄，大型苗圃可用机械做垄。垄高20～30厘米，垄宽15～20厘米，垄中心距70厘米，垄长20～30米。垄作的主要优点是：土壤肥沃、不易板结、光照充足、温度适宜、通风良好、灌溉方便、便于管理和运输，有利于机械操作。

图2–1　高畦（床）

图2–2　低畦（床）

图2-3　垄作

二、种子的采集、贮藏与处理

1.采集　种子质量直接关系到砧木苗的长势。作砧木用的种子应从优质丰产、抗逆性强、生长健壮、无病虫害、种仁饱满的壮龄树（30～50年生）上采集。当坚果达到形态成熟，即青皮由绿色变黄色或黄绿色，果实顶端出现裂口，青果皮极易剥离，此时即可采收。但作为种子用的，以青果皮开裂、种子自然脱出为最好。此时采收的种子的内部生理活动微弱，含水量少、发育充实，最易贮藏。为了缩短采收时间，也可在全树果实有30%～50%青皮开裂时1次采收。若采收过早，胚发育不完全，贮藏养分不足，晒干后种仁干瘪，发芽率低，即使发芽出苗，生活力弱，也难长成壮苗。

采种方法：

（1）拣拾法：当树上果实成熟时，随着坚果自然落地，每隔2～3天拣拾1次。

（2）摇树或打落法：当树上果实青皮有1/3以上开裂时，用摇树机振落或用棍打落。

为确保种子质量，种用核桃应比食用核桃晚采收3～5天。采收后可直接带青皮播种，或用脱青皮机脱皮后播种，或经过晾干后再播种。种用核桃不能漂洗，直接将脱皮的坚果拣出晾晒。没脱皮机的可用乙烯利处理，3～5天后即可脱去青皮。难以离皮的青果成熟度差，不宜作种子。晾晒的种子要薄层摊在通风干燥处，不宜放在水泥地面、石板或铁板上受阳光直接暴晒，以免影响种子生活力。采种地点较近的也可采收后带青皮直接播种，或脱青皮后及时播种（因核桃种子无后熟期）。

2.贮藏 核桃种子的贮藏方法主要有室内干藏法、室内湿沙贮藏法和室外湿沙贮藏法。不论采用何种方法贮藏，种子在贮藏过程中仍然进行着微弱的呼吸和其他生理活动。因而贮藏期间的温度、湿度和氧气是影响种子生活力的主要条件。贮藏时温度应保持在5 ℃左右，空气相对湿度为50%～60%，适当通气，有利于种子较长时间的储存。

（1）室内干藏法：贮藏前要将脱去青皮的核桃放在干燥通风的地方阴干，晾至坚果的隔膜一折即断，种皮与种仁不易分离，种仁颜色内、外一致，种子含水率应在4%～8%范围内便可贮藏。普通干藏法是将秋季采的干燥种子装入袋、缸、木箱或木桶等容器内，放在经过消毒的低温、干燥、通风的室内或地窖内。种子少时可以袋装吊在室内，既防鼠害，又可通风散热。

（2）室内湿沙贮藏法：选择阴凉通风的地下室或房间，用砖砌成槽，先在槽中地面上铺一层厚度为10厘米左右的湿沙（手握成团，松手后分成几块，此时含水量约为30%），上面再放一层核桃，然后用湿沙填满空隙，这样一层种子一层沙或种子与沙混合堆放，厚度50～60厘米，每隔1米竖一草把通气。以后应经常检查沙子的湿度，干燥时及时淋水拌沙。

（3）室外湿沙贮藏法：土壤结冻前，选择地势高、土壤干燥、排水良好、背风向阳、无鼠害的地方，挖掘贮藏坑，贮藏坑的大小视种子多少而定。一般坑深为0.3～1米，宽1～1.5米，长度依种子多少而定。在北方冻土层深，贮藏坑应适当挖深些；南方较温暖，可稍浅些。贮藏前，种子应进行水选，将漂浮于水上不饱满的种子除掉，将浸泡2～3天的饱满种子取出，沙藏。先在坑底铺一层湿沙（手握成团，松手后分成几块，但以不散开为宜），厚度约10厘米，然后一层种子一层沙，或将种子和湿沙混匀，种子与湿沙比例为1∶（3～5）填入坑内至离地面约10厘米为止，再用湿沙填平。为保证贮藏坑内空气流通，应在坑的中间（坑长时每隔2米左右）竖一草把，直达坑底，最后再覆土30～40厘米，呈拱形（图2-4）。早春应注意检查坑内种子状况，防止霉烂。沙藏的种子，出苗整齐，苗势健壮，但湿度掌握不好时种子易霉烂，应注意勤检查和采用春季适时播种。

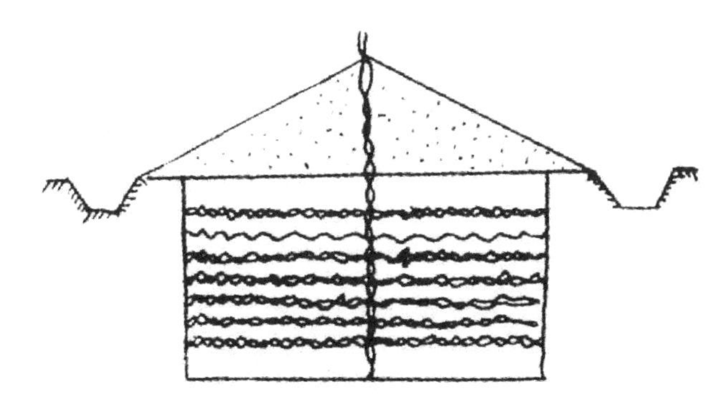

图2-4 核桃种子沙藏示意图

3.处理 秋季可直接播种，种子不需任何处理，但最好先将种子用水浸泡24小时，再用驱避性药剂拌后再播种。春季播种时，沙藏法种子可直接播种。干藏的种子在播种前必须进行5～7天的浸种处理。因为核桃种子外壳坚硬，吸水缓慢，如用干种子直接播种，常需50～60天才能发芽。为了确保发芽，常用的浸种方法有以下几种。

（1）冷水浸种法：未能沙藏的种子，量少时放入容器中用冷水浸泡，量大时用麻袋或编织袋放于水池或坑中浸泡7～10天，每天换1次水。水量以埋住或超过种子为宜，为防止种子上漂，上边可加一木板再压上石头。也可将装有核桃种子的麻袋直接放在流水中，待吸水膨胀裂口时，即可播种。

（2）冷浸日晒法：将冷水浸泡过的种子置于强烈的阳光下暴晒几小时，待90%以上的种子裂口时，即可播种。如有不裂口的种子占20%以上时，应把这部分种子拣出再浸泡几天，然后日晒促裂，剩少数不裂口的可人工轻砸种子尖部。

（3）开水浸种法：可将种子放入缸内，倒入种子量1.5～2倍的沸水，边倒边搅拌，使水面浸没种子，2～3分钟后捞出即可播种；也可搅拌到水温不烫手时再加入核桃，浸泡24小时，再捞出播种。此法可同时杀死种子表面的病原菌，多用于中、厚壳核桃种子，薄壳核桃不能用开水浸种。

（4）石灰水浸泡法：把种子浸泡在5%的石灰水中（要求全部浸泡入水）7～8天，然后放在烈日下暴晒2小时（不能在混凝土地面上），挑选出核桃缝合线开口的下种，没有开口的核桃继续浸泡，直到开口才可以下种。

三、播种

1.播种时间 核桃种子的播种分为春播和秋播两种方式，播种期应根据当地的气候条件。秋季播种一般在核桃采收后至土壤结冻前进行，多在10月下旬至11月下旬。秋季播种的优点是：秋季播种的种子在土壤中完成发芽前内部准备过程，尤其是直播青皮核桃，还可使不太成熟的种子有一段生理后熟期，第2年春季出苗早且生长健壮，省工省时。秋播的缺点是：秋播过早，气温较高，种子容易霉烂；且易遭受牲畜、鼠害和干旱危害，影响第2年出苗。春季播种宜在土壤化冻之后进行，一般北方地区3月下旬至4月初进行，以10厘米的地温达10 ℃以上为宜。春季播种的特点是：春播宜在土壤解冻之后马上进行，一般3月下旬至4月初，播种期短，田间作业紧迫，费工较多。若延迟播种期，气候干燥，蒸发量大，不易保持土壤湿度，影响出苗。

2.播种方法 育苗面积小时可采用人工点播的方法，面积大时可采用机械播种，可节省人力，大大提高效率，降低成本。播种前要整地施肥，每公顷施优质农家肥3 000～5 000千克、复合肥50千克。

（1）人工点播：先做成1米宽的畦，每畦播2行，畦两侧各空出20厘米，或2米宽的畦4～5行，行距40～60厘米，株距10～15厘米。垄作时，一般垄背中间播1行，株距亦是10～15厘米，宽垄可播2行。最好是采用宽、窄行，便于嫁接时操作（图2–5）。

播种时种子的放置以种子缝合线与地面垂直（图2–6），种尖向一侧摆放，胚根、胚芽萌发后垂直向下、向上生长，否则会影响苗木出土。播种深度一般为种子的3～5倍，种子上覆土厚度5～12厘米时出苗最好。床作可浅一些，垄作则要深些；秋季播种宜深，春季播种宜浅。覆地膜的应在地膜上打孔下种，不覆膜的可用犁子开沟播种，注意要预留宽窄行，以便进行嫁接。

播种前先浇1次透水，待土壤湿度适宜时再播。在缺水干旱地区，可采用灌沟的方法，开沟后顺沟灌水，待水下渗后再进行播种。

图 2-5　人工点播

图 2-6　种子缝合线垂直地面

（2）机械播种：播种前准备种子时，其总量要根据播种方法、株行距、种子大小和质量进行初步计算，然后对种子进行筛选，除去瘪、坏、烂、有虫孔的种后，再按大小进行分级。播种前先将机器调整好株距，一般为10厘米左右。机器播种3个人每天可播种8～10亩，因株行距和种子大小及质量不同而异。若按苗床宽2米，每畦4行，株距15～20厘米计算，每亩需大粒种子150千克（60粒/千克），中小粒种子90千克（100粒/千克）。每亩可产苗6 000～8 000株。为了使苗尽快达到嫁接粗度，每亩留苗应适当少些，以利于培育高质量的苗木。播种前先测发芽率，以便准确计算下种量（图2–7）。

机械播种省力省时省钱，苗木根系发育和人工相比并不差（图2–8），可降低成本68.37%，提高效率21.33倍。大面积播种育苗时，建议推广采用机械播种。

图 2-7　人工播种（左上）机械播种

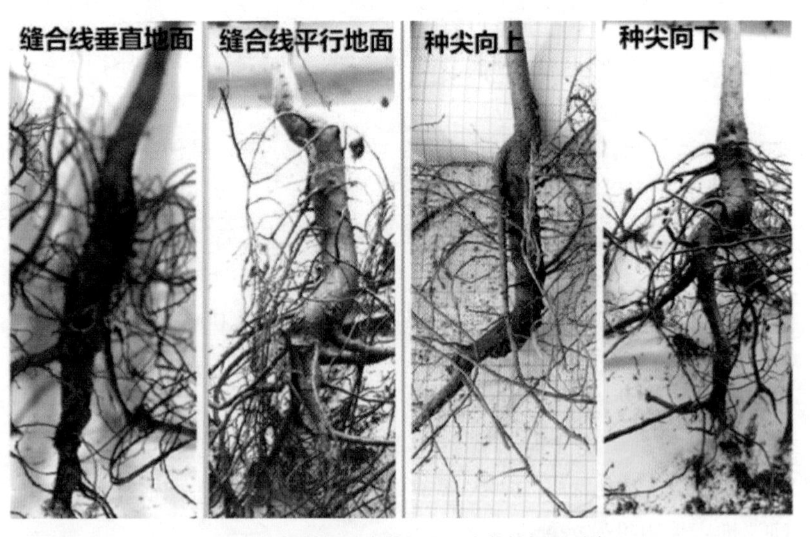

图 2-8　机械播种育苗与人工育苗的根系对比

四、苗期管理

核桃春季播种后20天左右开始发芽出苗，40天左右出齐。幼苗出齐前一般无须灌水，但北方地区，春季常干旱多风，土壤保墒能力较差，需及时灌水。5～6月一般灌水2～3次，结合追施速效氮肥2次，每次每亩施硫酸铵10千克左右。7～8月注意排涝，并做好中耕除草及病虫害防治工作。秋季停止浇水，防止苗木旺长造成枝条不充实。冬季要浇防冻水，可以有效防止苗木抽条。

为减少用工量，可在行间覆盖黑地膜，具有保湿、防杂草的作用（图2–9~图2–11）。

图 2–9　苗圃覆盖黑地膜和带状喷灌

图 2–10　地膜覆盖苗木生长情况

图 2–11　地膜覆盖苗木结果情况

第三节　采穗圃的建立及管理

核桃生产必须走良种化无性繁殖的道路，而优良品种因结果量大，抽枝相对较弱，很难长出优质的接穗。因此，培育良种苗必须建立采穗圃，以供应充足的接穗。建良种采穗圃是解决良种接穗供应问题的有效途径，也是培育优质良种嫁接苗的物质基础保证。

一、选地与整地

核桃采穗圃应建立在气候温和、雨量充沛、光照充足、地势平缓、交通方便的地方。应选择土层深厚肥沃，中壤或轻壤土，中性至微碱性土壤，忌选土壤瘠薄或低洼地，应尽可能建立在育苗地、造林地附近或核桃生产区中心。

整地应在栽植前1年雨季或秋季进行预整。首先进行深翻，然后挖80～100厘米见方的大穴或宽、深各1米的营养沟。用熟土和地表土回填，同时每穴施农家肥30～50千克。

缓坡地建园时，先沿等高线挖坑，然后修成水平梯田。修梯田后再整地时，梯田土层厚度应在1米以上。穴状整地苗木定植后，要利用空闲时间及时进行全园整地，使园内保证有30厘米以上的活土层。

二、品种选择与规格

采穗圃在品种选择上要严格把关，做到品种纯正、来源清楚、质量可靠。拟选品种必须经过选优和育种过程，正式通过省级以上技术鉴定定名，且在当地表现最佳的优良品种或无性系。同一采穗圃，品种可以是1个，也可以是多个（3～5个为宜）。如果用多个品种（或无性系）时，品种间要有明显的间隔标示，栽后要填写登记表，绘制定植图。

建立采穗圃的苗木要进行严格挑选，必须是良种嫁接苗或先栽植实生苗后再改接良种苗，其规格是苗高1米以上，地径1厘米以上，主根保留长度20厘米以上，侧根15条以上，且要求接合牢固，愈合良好，生长健壮、树干通直，充分木质化，无冻害风干、机械损伤及病虫为害等。苗龄1～2年生为好。苗木运输途中要严格进行保湿包装，并挂标签，以防失水或混杂。

三、栽植技术

春、秋两季均可栽植，以春季芽刚萌动时栽植效益最好，秋季墒情较好时，以秋末栽植较好。采穗圃的定植密度应大些，一般株距为1～3米，行距3～4米（图2-12）。苗木应做到随起随运随栽，栽植前将伤根及烂根剪除，在清水中浸泡半天或用泥浆蘸根，栽植深度比苗木根痕深2～3厘米为宜，植苗于穴中心，分层填土踏实，然后浇水。栽后要打出树盘，并及时灌足定根水，待水下渗后，坑面覆土保墒。较寒冷地区秋、冬季栽植后，应用细土将苗木堆土埋实或仅露枝顶，以防冬季枝条抽干，栽后及时绘制定植图。

图2-12　采穗圃

四、穗圃管理

1.土壤管理　平地每年于早春或秋末进行深耕，深度30～40厘米。树干附近浅些，外缘深些，以促进土壤熟化，提高通透性。不宜深耕的缓坡地，必须修筑水土保持工程，防止水土流失。可通过培田埂、垒石堰、刨树盘、挖撩壕等措施来蓄水保墒，改善土壤的理化性质。在整个生长季节，每年进行松土除草3～4次，使园地经常处于疏松、无杂草状态。对面积较大、劳动力贫乏、杂草丛生的采穗圃，可用除草剂代替人工除草。

2.肥水管理 施肥分基肥和追肥。基肥以缓释性有机肥为主，以早施为宜，最好在采收至落叶期施入。追肥以速效性氮肥为主，适量混入无机复合肥。追肥时期以萌芽至新梢第1次速长期为好，不宜过晚。施用量可按树冠大小及树势情况酌情而定，一般每株成年采穗树年追尿素1千克，磷钾复合肥0.5千克，可分两次施入。施肥方法可采用环状沟、辐射沟及穴施，施后立即覆盖，土壤干旱时要结合灌溉施肥。切忌在生长季节中后期大水大肥，否则将会使枝条疯长，木质化程度差，越冬困难，从而降低接穗质量。

灌水次数及灌水量以干旱程度而定，一般春季萌芽前后及秋末各灌一次，若不十分干旱，不宜多灌，夏、秋季要适当控水，以防徒长和控制二次枝，10月下旬结合施基肥浇足冻水。生长季节每次灌水后都要进行中耕，雨水过多时，要注意防洪排涝。

3.间作 核桃树栽植3年内，树体尚小，耕地空隙大，可间作农作物等，实施立体栽培，以提高园地复种指数和增加前期经济收入。同时，间作作物对土壤起到覆盖作用，能够减轻土壤冲刷，减少杂草为害。间作应选择生长期短、吸收肥水较少、植株低矮、生长旺盛期与核桃树错开、病虫害较少且与核桃树没有共生病虫害或中间寄主的作物。

国外核桃园间作主要是在行间种植三叶草、紫苕子或豆科绿肥，目的在于抑制草荒和增加土壤有机质。

国内间作的植物种类较多，主要有豆类、薯类、瓜类、禾谷类、药用植物、蔬菜、草莓、食用菌等。豆类植物的根瘤菌有固氮作用，如黑豆、黄豆、白芸豆、绿豆、蚕豆、花生等，这些作物植株矮小，需肥水较少，是沙地核桃园的理想间作物：薯类植物植株矮小，前期生长量小，与核桃树竞争肥水较少，对地面覆盖度好，有利于固土保墒，如甘薯、马铃薯等，是山地核桃园理想的间作物；果粮间作以种植禾谷类为主，有利于核桃生长发育，但必须以核桃为主体；药用植物种类繁多，经济价值较高，多数耐旱耐寒，植株矮小，是各类果园的理想间作物，常用的品种有黄芩、丹参、党参、沙参、芍药、牡丹、红花、桔梗、半夏、白术等；与蔬菜类间作需要精耕细作，肥水充足，有利于果树生长发育，但应避免种植秋季生长的蔬菜，以免肥水过大，影响核桃树越冬。

4.整形修剪　采穗圃整形修剪的原则是在保证树体正常健壮生长的前提下，尽量多生产优质接穗。这里所指的整形修剪主要是对幼龄（4年以内）采穗树的整形及夏季修剪，而成龄采穗树修剪应结合采集接穗一并进行。采穗圃的树形采用多主枝圆头形或开心形，要求低干矮冠。早实品种主干高度40～50厘米，晚实品种80～100厘米。圆头形主枝6～7个，开心形4～5个，再在每个主枝上均匀选留2～4个侧枝。树高一般控制在3～4米（早实品种矮些，晚实品种高些）。幼树整形修剪的主要任务是培养树体骨架，调整树形，保证树冠完整。要及时疏去过密、干枯、重叠、背后、病虫和受伤枝。对过长的主侧枝要进行回缩，冠内要清膛、修剪后要达到树冠圆满，上下左右对称，通风良好，枝条分布均匀。生长季节修剪的目的是增加分枝级次，改善通风透光条件，防止郁闭早衰，提高接穗质量，其方法是及时抹除树干上的萌芽及砧木上的萌条，当新梢长至30厘米时及时摘心。早实品种具有早熟芽，萌芽率、成枝率较高，要进行反复摘心，促发二次枝；对过密、过弱的枝芽要提早疏除，以减少养分消耗，提高有效分枝率。另外修剪时，剪口芽要留侧芽或上芽，避免留背后芽，以防萌发强旺的背后枝而致树冠下垂或劈裂。

采集接穗前要摘心。春季新梢长到10～30厘米时对生长过强的要进行摘心，以促进分枝，增加接穗数量，还可以防止因枝条过粗给嫁接带来不便。摘心要有计划地分批进行，防止摘心后接穗抽生二次枝不能利用。另外，为了提高接后成活率和缩短萌发时间，采穗前3～5天进行摘心，以促接芽。

5.疏花疏果　疏花疏果是果园管理措施之一，即人为地去除一部分过多的花和幼果，以获得优质果品和持续丰产。开花结果过多，养分供不应求，不仅影响果实的正常发育，形成许多小果、次果，还会削弱树势，易受冻害和感染病害，并使第2年减产，造成小年。疏花：时间最好在蕾期、花芽量多时进行，疏除细弱枝上的大部分花蕾和长、中果枝因剪留较长而多余的双花蕾以及发育不良的晚开花蕾。疏果：俗话说："看树定产，分枝负担，均匀留果"，只有科学合理地疏果，才能减少养分消耗，提高坐果率和果品品质。疏花疏果宜在早期进行，即在雄花芽膨大后及雌花柱头分离期用手抹除，对雄花漏疏而形成的果实也要及时摘除。早实品种有多次开花结果习性，且持续时间较长，故疏花疏果应反复进行。

另外，要注意不能过量采穗。采穗过多会因伤流量大、叶面积少而削弱树势，特别是幼龄母树，采穗时要注意有利于树冠形成，保证树形完整，使采穗量逐年增加。一般定植第2年每株可采接穗1～2根，第3年3～5根，第4年8～10根，第5年10～20根，以后则要考虑树形和果实产量，并在适当时机将采穗圃转为丰产园。

6.病虫害防治 采穗圃的病虫害防治非常重要，必须及时进行。由于每年大量剪采接穗，造成较多伤口，会因伤流液不止，发生干腐病、腐烂病、黑斑病、炭疽病等。病虫害防治以预防为主，发病后针对治疗。一般在春季萌芽前喷1次5波美度石硫合剂；6～7月每隔10～15天喷等量式波尔多液200倍液1次，连续喷3次。圃内的枯枝残叶要及时清理干净，集中销毁。

针对害虫等利用阿维菌素1 000倍液喷雾剂防治蚜虫、金龟子、蛾子等食叶害虫；也可采用人工捕捉成虫、刨土晾根、药塞虫孔等方法综合防治。对引进和调出的苗木及接穗，必须严格检疫，保证无病虫害。

第三部分 核桃嫁接技术

第一节　嫁接前准备

一、嫁接定义及原理

嫁接，也就是无性繁殖中的营养生殖的一种，它是利用植物受伤后具有愈伤的机能来进行的，嫁接时应当使接穗与砧木的形成层紧密结合，以确保接穗成活。接上去的枝或芽，叫作接穗；嫁接繁殖时承受接穗的植株，叫作砧木或台木，它可以是整株树，也可以是树体的根段或是枝段。接穗一般选用具有2～4个芽的苗，嫁接后成为植物体的上部或顶部，砧木嫁接后成为植物体的根系部分。嫁接原理：嫁接时，使两个伤面的形成层靠近并扎紧在一起，结果因细胞增生，彼此愈合成为维管组织连接在一起的一个整体。接穗和砧木两者结合面积、结合程度以及形成层是否对齐是嫁接成活的关键。

嫁接既能保持接穗品种的优良性状，又能利用砧木的有利特性，达到早结果、增强抗寒性、抗旱性、抗病虫害的能力，还能经济利用繁殖材料，增加苗木数量。

二、嫁接使用工具

嫁接刀（切接刀、芽接刀、自制刀具等）、枝剪、手锯、梯子等（图3-1）。绑扎材料采用塑料薄膜、地膜均可。目前有专门的嫁接专用保鲜膜，无须打结，透光效果好。

三、嫁接时期

核桃的嫁接时间和方法，因地区、植物品种、地域气候和营养状况而异。

芽接时间：北方地区多在2月上旬至3月上旬，5月中旬至8月中

图 3-1　嫁接工具

旬，其中2月中旬至3月上旬带木质部芽接最好，5月下旬至6月下旬大方块芽接最好；7月中旬至8月中旬为闷芽接。选择好适宜的嫁接时期对提高嫁接成活率很重要，嫁接的早、晚可根据情况灵活选择。嫁接早，当年苗木生长量大，但对当年所育砧木苗来说达到嫁接粗度的量少（可接率低）；嫁接晚，当年苗木生长量较小，可接率高。由于6月底后接芽老化，不易带生长点，加之气温太高，采用大方块芽接成活率较低，可采用带木质部芽接的方法进行嫁接。

第二节　接穗采集、贮藏、运输及处理

1.接穗采集　芽接接穗都是随采随嫁接，贮藏时间越长，成活率越低，一般贮藏期不宜超过3天。研究表明，接穗含水量在50%以上时，愈伤组织容易形成，降至35%以下时，不再产生愈伤组织，故保存期间防止接穗失水是保证穗条质量和嫁接成活率的关键。初春带木质芽接所用接穗要选择芽饱满、髓心小的枝条（图3-2）。采集夏

季芽接接穗时（图3–3），从树上剪下后要立即去掉复叶，留2厘米左右长的叶柄，每捆20根或30根，标明品种。北方地区核桃冬季抽条现象严重的地方，供枝接的接穗应以落叶后至冬初（10月下旬至12月下旬）采集，采集后接穗必须用石蜡封严剪口，核桃接穗最适宜贮存温度在0～5 ℃，最高不能超过8 ℃，可放地窖内沙藏，也可存放在冷库等处，嫁接前2～3天取出放在常温下催醒促其离皮；冬季不太寒冷抽条轻微的地区，可在春季萌芽前采集。生长季节芽接或嫩枝嫁接的接穗，可随接随采，若需贮藏时，在低温保湿条件下最多不超过5天。

图3-2　初春带木质部芽接接穗

图3-3　夏季芽接接穗

2.接穗质量要求 硬枝接穗在立春至萌芽前采集，要求生长健壮、通直、芽子饱满、髓心较小、充分木质化、无病虫为害的1年生发育枝或徒长枝。若空心率超过30%，过于弯曲、抽干、病虫枝及雄花枝不能做接穗。接穗采集后一般不要剪截，以免因伤口过多而失水降低质量。对接穗的伤口要进行蜡封处理。生长季节芽接及嫩枝接采用当年的新梢做接穗，要求接穗为半木质化程度较高的发育枝，过于幼嫩的新梢不宜做接穗。接穗最好从采穗圃内采摘，如无采穗圃可从盛果期的优良单株或可靠的丰产园中采集。

3.接穗的采集方法 采接穗宜用修枝剪和高枝剪，忌用刀、斧、镰砍削。剪口要平滑，不要呈斜面。一般成龄树采穗与修剪同时进行，所以，采穗时要充分考虑各级骨干枝的从属关系，慎重确定采穗量及剪截长度。对于主侧枝的延长枝要从饱满芽处短截，萌发后形成强旺枝，用以扩大树冠；对着生密集、粗度适中的枝条从基部疏除；接穗粗壮且周围有空间时，剪截时要留5~10厘米的短桩，以利第二年多发枝；对发枝率弱的多年生老桩，要进行重回缩更新。同时注意，禁用背后芽作剪口芽。接穗剪下后要按质量要求进行挑选，拣出过粗枝，去掉雄花枝，剔除病虫枝。将符合要求的接穗按照长度和粗细分为2~3个等级，伤口蜡封后每50根一捆，打捆时基部对齐，然后用细绳紧捆2~3道。按品种挂上塑料标签，待贮运。

4.接穗贮藏及运输 初春带木质部芽接接穗用塑料袋装好扎严即可运输。夏季芽接接穗，由于嫁接时气温很高，保鲜非常重要，否则会大大降低嫁接成活率。采下接穗后，将打好捆的接穗用湿的麻袋片或毯布包好，运到嫁接地时，放在潮湿阴凉处，要及时嫁接。当天接不完的可用湿麻袋装好吊在深水井中，距水面以上10厘米，有条件的最好放在冷库中。

第三节 嫁接方法

核桃与其他果树相比，气温对成活率的影响较大，嫁接较难成活，但近些年随着研究的不断深入和不同嫁接方法的尝试，核桃嫁接技术逐渐成熟并已大面积推广，其中夏季芽接技术操作简便、高效，已成为核桃育苗的主要方法。

一、核桃嫁接成活的影响因素

有关核桃嫁接难成活的原因和影响因素很多，主要有伤流、嫁接温度、嫁接时期和砧穗亲和力等，这些都是影响嫁接面愈合的重要因素。

1.砧穗亲和力 嫁接亲和力是砧木与接穗双方能够正常愈合，形成可生长和开花结果新植株的能力，是嫁接成活的前提和关键。亲和力是确定最佳砧穗组合的依据之一，在不同嫁接组合中，有的嫁接组合，虽然砧穗间可形成愈伤组织，但彼此不能连接成新的植株；有的嫁接之后在短期内可以成活，但后期生长发育不良，砧穗双方都表现出不适应症状。目前常用的几种核桃砧木类型，核桃本砧、泡核桃和铁核桃之间均属于种内嫁接，亲和力都很强，后期也不会表现不适应。然而，核桃楸和核桃之间属于同属异种，枫杨和核桃之间属于同科异属嫁接，亲缘关系则更远，虽有嫁接成活的先例，但表现后期亲和力差，生长缓慢，极易死亡，从而造成育苗或建园失败。

2.砧穗生活力和质量 大田育苗，为保持砧木旺盛的生活力，最好在春季萌芽前将其进行平茬，芽接时嫁接在当年生抽出的新干上成活率较高。据观察，在一年生砧木上嫁接，砧木粗度小于0.8厘米形成层不易对齐，结合部位不易愈合，成活率低。另外，接穗失水过多，存放时间过长，髓心过大等嫁接成活率也较低。

3.伤流　核桃由于导管大、根压强，从休眠到萌芽，核桃枝干受伤后常有汁液流出，即核桃伤流。伤流液中含有N、P、K、S、Ca等无机成分和可溶性糖、蛋白质、氨基酸等有机成分，易造成树体养分的缺失，大量的伤流液还含有丰富的单宁物质在嫁接口集聚，影响接口砧穗组织的呼吸作用，抑制愈伤组织形成，从而降低嫁接成活率。伤流严重程度与土壤和空气的温、湿度等环境因素和物候期、树龄、生长势等树体本身有关。在生产中常采取断根、砍锯放水、留拉水枝和推迟嫁接等方法来减少伤流的发生，从而提高嫁接成活率。

4.嫁接时期　嫁接时期是影响核桃嫁接成活的主要因子之一，其影响实质上是通过温湿度、伤流液、砧穗生理状况等间接地影响成活率，对于不同地区，因其气候条件不同，嫁接时间的选择上也差异很大。愈伤组织需要在一定的环境条件下才能形成，环境条件主要包括温度、湿度等因素。如果嫁接时期过早，则会因为气温较低，砧穗枝条较嫩，芽未完全成熟，加之天气干燥多风，砧穗生理活动较弱，不易产生愈伤组织，同时伤流量也较大，嫁接成活率很低；如果嫁接时期过晚，则会因为气温较高而湿度降低，接穗不易保存且易萌发，从而使得接口失水干枯，形成“假活”现象，接穗也易枯死。因此，嫁接时期应选在萌芽展叶期，此时气温缓慢回升，砧穗生理活动逐渐活跃，空气温湿度适宜，“伤流液”也逐渐减少，为愈伤组织分化形成的最佳时期，故嫁接成活率也较高。在20～30 ℃范围内，温度越高，愈伤组织生长速度越快，愈合时间越短，但愈伤组织幼嫩、松软且接穗易早萌发，而相对于低温时，虽愈合速度较慢，但形成愈伤组织充实牢固，接穗萌发慢，有利于成活。嫁接口保持适宜的湿度，愈伤组织才能正常生长，接穗（芽）才能保持其活力。

二、核桃嫁接方法

嫁接方法有多种：依接穗应用状况，分芽接和枝节；依嫁接部位差别，分腹接、高接等；从接口方式分，有劈接、切接、插皮接、插皮舌接等，但根本的嫁接方法是芽接和枝接，本部分只阐述育苗嫁接方法，大树枝接具体方法见第四部分核桃高接换优技术。

1.芽接法 芽接，是在接穗上削取一芽，略带或不带木质部，插入砧木上的切口中，并予绑扎，使之密接愈合。芽接的优点是可以节约接穗，一般情况下一个芽就能繁殖成一个新植株，而且芽接对于砧木直径的要求也不高，当年生的苗子就能嫁接，嫁接时间长，每年的5～9月都能顺利嫁接；芽接的技术比较简单，容易掌握，成活率高。

（1）“T”形带木质部芽接法：带木质部芽接，就是在削取接穗的接芽时，盾形芽片内面要削带一薄层木质。它是嵌芽接的一种重要方式，也是嫁接的一种常用方法，多用于春季和秋季进行。接削取接芽时，左手紧握接穗，用嫁接刀在饱满芽的下方0.5厘米处向下斜切一刀深达木质部，宽度根据芽的大小和枝条的粗度而定，然后在芽的上方2～3厘米处向下斜切一刀，至芽的下端切口，这样可取下长为3厘米以上带有木质部的芽片。在砧木上欲嫁接部位光滑处采用和接穗切削方法相同，将砧木上的皮块取下。然后将接穗的芽片迅速嵌入砧木切口中，最好使双方接口的形成层全部对齐，用嫁接带或塑料条自上而下捆扎牢固，捆扎时必须露出芽（图3–4）。

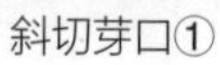

斜切芽口①

削接芽②

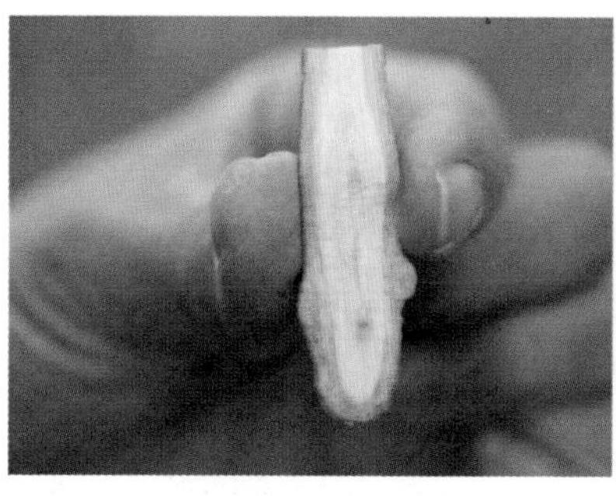

带木质部接芽③

削砧木④

贴芽片⑤

捆绑⑥

嫁接完成⑦

图 3-4　“T”形带木质部芽接分步图

（2）方块芽接：嫁接时所取芽片为方块形，砧木上也相应取一方块树皮，故称方块芽接。嫁接时一定要注意不能选用只有雄花芽的芽子，因为核桃雄花芽为纯花芽，萌发后形成雄花序，不能发梢长叶和结果。雄花芽多着生在一年生枝条的中下部，形似桑葚，呈圆柱形。有雄花芽单生的、有两个雄花芽复生的，也有雄花芽和叶芽复生的，在选取接穗时一定要识别清楚（图3–5）。

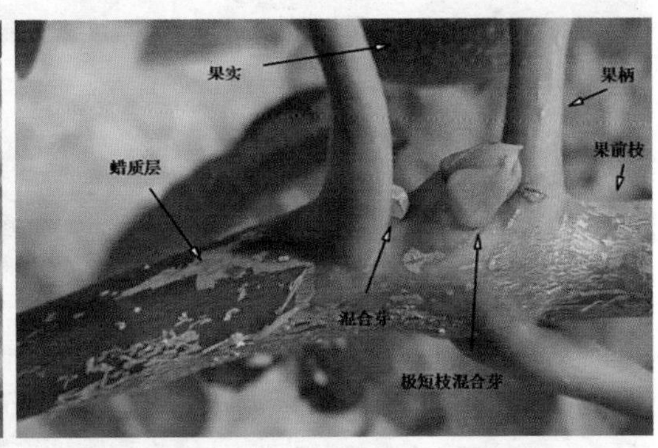

图 3–5　花芽特征

1）单刀方块芽接（图3–6）：削割芽片长度3.5 ~ 4.0厘米，宽度视接口处粗度而定，以能环绕砧木1/2 ~ 2/3为宜，一般宽约2厘米。方块芽接接触面大，对于芽接不易成活的核桃比较适宜，嫁接后容易萌发。因该法嫁接在当年生新梢上成活率最高，因此，砧木应在早春进行平茬，即距地面约1厘米处平剪，待长出约10厘米时留一个强壮梢其余抹掉。所用嫁接刀有2种，单刀（常见芽嫁接刀）和双面芽接刀。单刀嫁接用一般芽接刀嫁接，具有嫁接速度快、节省接芽等特点，熟练工每人每天可嫁接800株左右。

①接穗切削。选用较饱满叶芽或混合芽，从叶柄的基部削去叶柄，在芽上部约0.5厘米处横切一刀深达木质部，再在叶柄下约1厘米处从外向内横切一刀，最后用刀掀起少许皮（放水口，以免再用手撕），再从侧面轻推取下，注意不要弄掉芽内部的生长点或护芽肉，这是取芽的关键措施，否则难以成活。同一枝条上，中部接芽成活率最高，基部次之，梢部最低。半木质化接穗芽接成活率最高，完全木

质化和未木质化接穗芽接成活率低。

②砧木切削。把取下来的芽片贴近砧木（注意不能挨着），按芽片同等长度在砧木上下各横切一刀至木质部，然后拿走芽片，根据芽片宽度在砧木上两侧各纵切一刀，纵切时右侧刀口长度要超过芽片2～3厘米作为放水口，随后取下砧木方块表皮。

③接合。将接穗芽片放入砧木切口中，使它上下、左右都与砧木切口正好闭合。如果接穗芽片小一些，那没关系：如果接穗芽片大而放不进去，必须将它削小，使它大小合适。

④包扎。用宽1～5厘米、长30～40厘米的塑料条或地膜由下向上绑缠密封，仅将叶柄基部的2/3及接芽露出膜外，防治接口跑风漏气，氧化变黑，影响成活。应注意，一是不可将放水口下端包实；二是在镶芽片和绑缚过程中不要将芽片在砧木上来回磨蹭，避免损伤形成层。

选芽片①

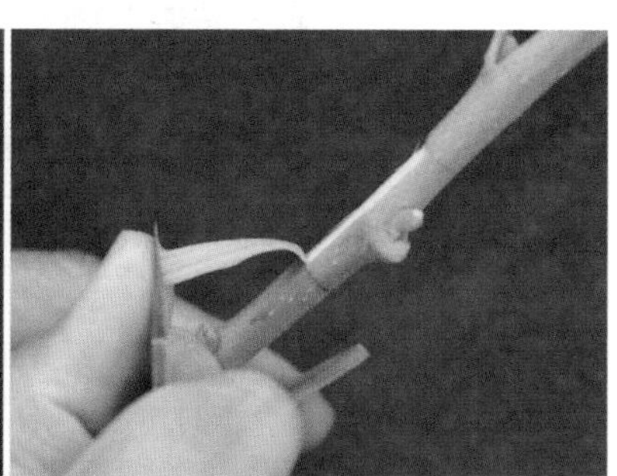

削芽片②

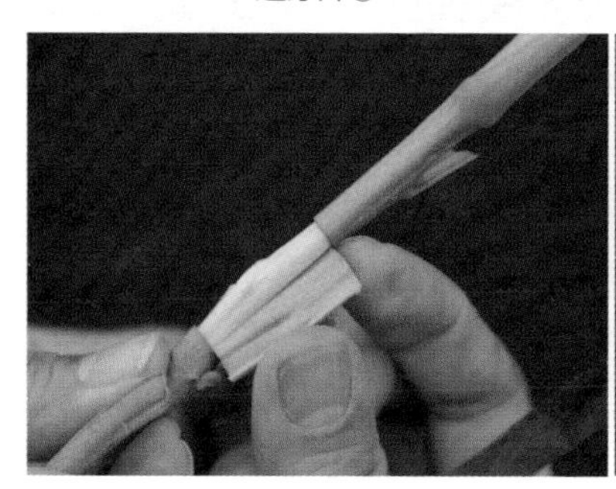

剥芽片③

削砧木④

放芽片⑤

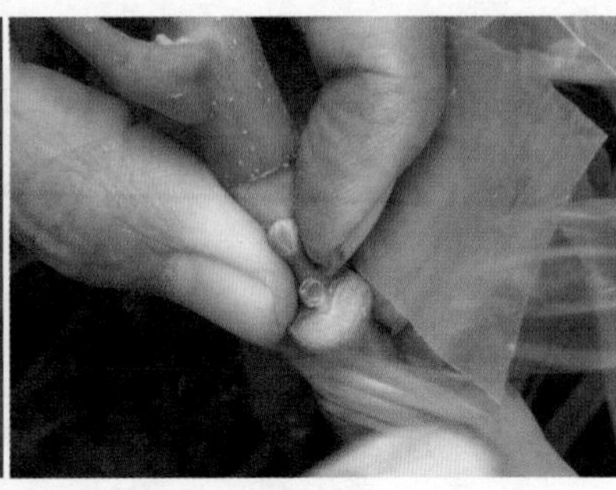

捆绑⑥

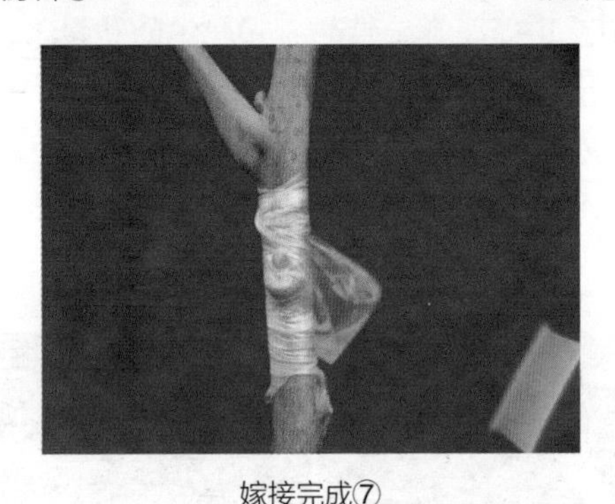

嫁接完成⑦

图 3-6　单刀方块芽接

2）双面刀芽接（图3–7）：用自制双面刀嫁接，具有操作简单、成活率高等特点。制作时可就地取材，作出多种类型的双面刀，其边长可根据接穗节间长短不同制成大小不同的嫁接刀。双面嫁接刀的两面都可使用，一面嫁接刀片一般可嫁接500株左右（即一天嫁接的量），用钝时可随时取下换上新刀片。

3）带木质部芽接：方块带木质芽接嫁接方法与单刀芽接相仿，只是取芽片时略有不同，在芽上、下部各横切一刀深达木质部，根据取芽大小在芽两侧竖切两刀，用刀尖把芽上部的皮层掀开，再把刀伸进去向下削，取下芽片。削时注意所带的木质部要越小越好，厚度约为1毫米（图3–8）。其他操作同单刀芽接法。带木质芽接为方块芽接的补充，接穗芽较老或有芽柄的芽，若采用方块芽接时不宜带生长点，可以采用此方法。

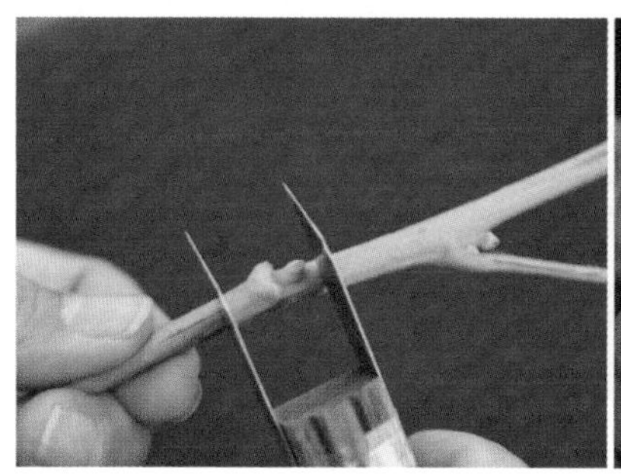

双面刀取芽①

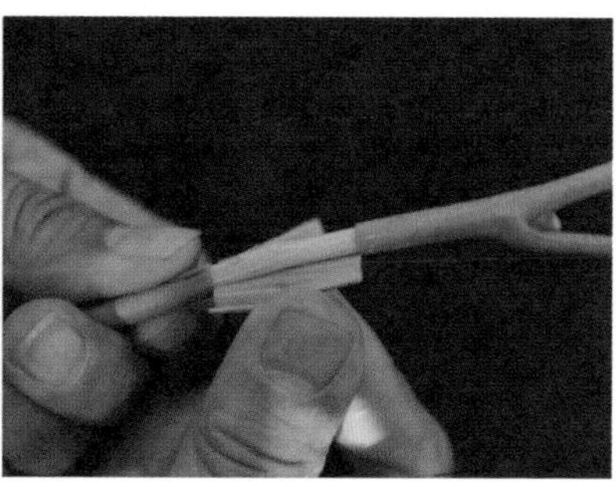

剥芽片②

图 3-7 双面刀嫁接

图 3-8 带木质部芽片

2.子苗砧嫁接 子苗砧嫁接又称芽苗砧嫁接，是指在核桃砧木种子幼芽出土后，即将展开真叶时，在子叶柄上剪去砧芽进行劈接，此时种子内的胚乳营养丰富，可供给幼苗健壮生长。既有利愈合成活又可缩短育苗周期，省工省时，降低成本，是大粒种子嫁接育苗的有效途径之一。具体方法包括培育砧木、接穗准备、嫁接、愈合和栽植等几步。

（1）培育砧木：选个大、成熟饱满、无虫蛀、无霉变的种子，根据嫁接期的需要，分批进行催芽和播种。播种前做好苗床，用腐熟的农家肥、腐殖质或蛭石作床土，或者将床土装在高约25厘米，粗约10厘米的塑料营养钵内，以备播种。播种时，必须使核桃缝合线同地面垂直，否则胚轴弯曲不便嫁接。当胚芽长到5～10厘米时即可嫁接。为保证砧苗干径粗度，应对子苗减少水分供应，实行“蹲苗”，亦可在种子伸出胚根后，浸蘸250克/千克的α-萘乙酸和吲哚丁酸的混合液，然后放回苗床，覆土3厘米，可使胚轴粗度显著增加。

（2）接穗准备：从优良品种（或优株）母树上采集充实健壮、无病虫害的1年生发育枝（结果母枝也可用做接穗）的中部或基部枝段。接穗要求细而充实，髓心小，节间较短，以与子苗根颈粗度相近的枝条为宜，将接穗剪成12厘米左右的枝段（上留1~2个饱满芽），并进行蜡封处理。

（3）嫁接：子苗嫁接采用劈接法（图3-9）。将子芽苗从根颈基部5厘米左右处剪断，然后从中纵切一刀，深2~3厘米。接穗留2~3个芽，削一个长削面（2~3厘米）和一个短削面（1~1.5厘米），要求削面平滑，长削面削到形成层，短削面削到髓部。接穗削好后立即插入砧木切口中，上部露白约0.5厘米。芽苗与接穗削口两边对齐（若芽苗与接穗大小不一致，以一边对齐为准），要求嫁接操作时动作快速而准确，在削面未变黄前完成。对接好后用准备好的嫁接专用膜把接口扎紧。接穗顶端若有切口，要注意蜡封或用嫁接膜绑扎，绑扎要求紧、匀、严。嫁接完成后立即做断根处理，并及时蘸根移栽。

（4）愈合和栽植：先做好苗床，并在底层铺25~30厘米厚的疏松肥沃土壤。苗床上面搭成拱形塑料棚，然后将嫁接苗按一定距离埋

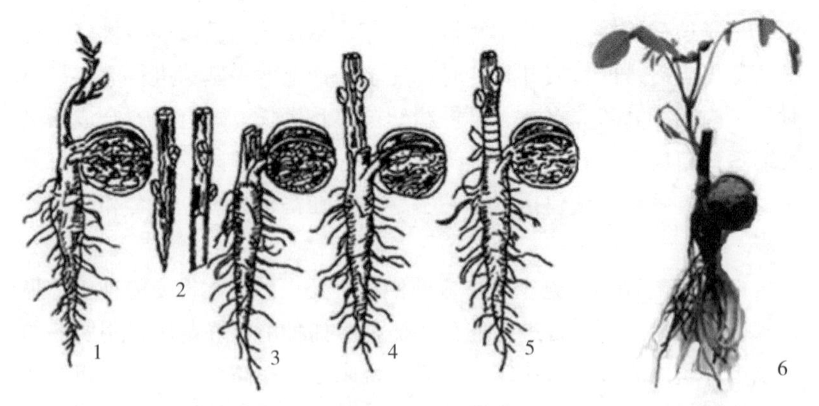

1. 子苗砧木　2. 削接穗　3. 切接口　4. 插入接穗　5. 绑缚　6. 接后萌发

图3-9　子苗砧枝接

植起来，接口以上覆盖湿润蛭石（含水率为40%～50%），愈合温度24～30 ℃，棚内空气相对湿度保持在85%以上，并注意放风通气。经15天左右，接穗芽就可萌发，此时白天要揭棚放风，逐步增加日照和降低气温，使苗木得到适当锻炼。30天左右，当有2～3片复叶展开，当日平均气温升到10～15 ℃，即可移栽到室外圃地。一般选阴天或傍晚栽植。在良好的管理条件下，当年苗高可达40～80厘米，地径超过1.5厘米。秋季应及时起苗，起苗前灌透水，以保证苗木根系完好无损。栽植前最好给根系蘸泥浆，栽后适当遮阴，并及时浇水和叶面喷水，10～15天后待幼苗开始萌芽后除去遮阴物。为保证嫁接苗安全越冬，要进行培土、灌冻水等防寒措施。该方法云南、四川应用较多。

3.嫩（绿）枝劈接　在离地约30厘米处将砧木平剪，剪口下部保留3～4片复叶，在剪口平面的1/3处垂直向下切一刀，深度2厘米左右。接穗上保留1～2个芽，从芽下叶柄基部斜削一个长削面（约2厘米）至背面，背面向内至木质部平削成约2.5厘米的削面，接穗从芽上约0.5厘米处剪断，将接穗轻轻插入砧木切口中，接穗上的芽朝向髓心，略露白，对准接穗与砧木的形成层，立即用塑料薄膜（地膜）绑严，注意包扎时不可过紧，接芽处包一层以方便破膜萌发，且要将整个接穗包严以防接穗失水（图3-10）。嫩枝劈接的时间越早、成活率越高，一般在5月上旬至6月上旬。嫩枝劈接（图3-11）与大方块芽接（图3-12）相比，嫁接的苗木生长直立，嫁接处愈合面平直。

选带芽点接穗①

削接穗②

劈砧木③

插入接穗④

捆绑⑤

嫁接完成⑥

图 3-10　嫩枝劈接步骤

图 3-11　嫩枝劈接苗

图 3-12　大方块芽接苗

第四节　嫁接苗的识别

一、常用造假法

1.自砧嫁接　部分核桃苗木生产商为了减少支出，不采用良种接穗，而是直接用本圃本株的实生苗嫁接成苗，这样嫁接成活率确实提高了，嫁接口真实，成活后接穗与砧木的颜色也不一样，落叶后就是专业人员也难分真假，是常见的假苗。

2.劣质接穗苗　核桃优良品种从选育、审报、鉴定、推广都有严格的程序步骤，嫁接接穗引种也有明确的引种渠道和引种品种来源认证证书。核桃优良品种嫁接应从良种采穗圃采条，随采随嫁接，但因为良种采穗圃较少，接穗价格比较贵，故而有些人用名称相似、外形相似的品种取而代之，造成品种来源不明，种质资源杂乱。有的虽花钱购买了新品种接穗，但却把不可利用的秋梢、副梢上的瘪芽作为接穗，质量大为降低。

3.人工造假　有的核桃苗木生产者直接用芽接刀在砧木最上一个侧芽周围刻成长方形、盾形或"T"形伤痕，形同嫁接口愈合，其侧芽长成植株后冒充嫁接苗；有的虽采用优良母树接穗嫁接，但接芽没有成活，于是在嫁接点附近选一个萌芽培育成苗。

二、嫁接苗的识别方法

1.看嫁接口　嫁接核桃苗一般分为芽接和插接，芽接的核桃苗一般在树苗上有一个1～3厘米的方块的嫁接痕迹，刀口明显，接口处都有愈伤组织，伤口不规则；核桃苗是从嫁接的芽上长出来的。而假的芽接的核桃苗方块四周的痕迹较浅，愈合组织较少，四边不闭合。插接的核桃苗在揭开嫁接时缠缚的塑料布时有明显从砧木苗中间劈开后的痕迹，并且用插接方法嫁接的核桃苗一般在起苗时都带有塑料布，移栽时才去掉塑料布。

2.看枝条 嫁接苗与砧木的皮色和气孔有明显区别，而假嫁接苗的皮色和气孔与砧木一样。嫁接的优良品种的核桃苗一般枝条的颜色（除去个别品种）都比较发黄，并且枝条略显细长，叶片较光滑，黄绿色，叶缘锯齿较少；而假的嫁接苗一般都是用实生苗嫁接实生苗，其枝条的长势和实生苗是一样的，枝条呈红黑色或绿色，枝条、叶片颜色上下一致，颜色较深。一般用盛果期母树作接穗嫁接的分枝多，开张角度大；而实生苗因其生命力和顶端优势强，抽出的新枝直立，开张角度小。

3.看嫁接高度 一般真的芽接的嫁接高度在离地面20厘米左右，而假的一般是平过茬的2年生苗，假嫁接（新长枝条）的高度较低或较高。

4.看芽形状 嫁接苗芽饱满尖圆突出，而实生苗芽小尖不突出。核桃芽是互生的，若接芽位置与砧木的芽分布规律一样，则为假嫁接苗。

5.看童期特性 共砧苗、刻芽苗、自根苗从苗木生理发育阶段来说都属童期苗，具有明显的童期特征，即：苗干直立无基角，叶片椭圆有锯齿，叶片薄瘦，叶柄有深刻，侧芽一般无复芽，顶叶聚生节间短，有芽簇等。而正品嫁接苗的接芽斜出生长，叶片卵圆无锯齿，叶片肥厚，叶柄无深刻，侧芽有复芽，顶芽肥大，顶部2 ~ 4芽多圆润呈球形（混合花芽）等。

6.看圃地成活率 核桃嫁接成活率一般多在20%～90%之间，而且苗木生长参差不齐。如果圃地成活率高于90%甚至无死芽，且苗相整齐就有刻芽苗的嫌疑。

7.看冬季状态 核桃品种苗在越冬后都有各自明显的休眠期特征（简称冬态）。按不同品种一般呈黄褐色、红褐色、深褐色，而共砧苗、刻芽苗、自根苗一般呈灰白色、浅绿色、灰色。

第五节　嫁接后的管理

1.嫁接当年管理

（1）检查成活率、放风：嫁接成活的标志是芽苞萌动或者叶柄脱落。如果发现芽片颜色变黄枯死，在每个接穗上合适位置保留2～3个萌芽，保证抽枝后可继续进行芽接。对于采用枝接的苗木嫁接后15~30天内，接穗逐渐开始发芽，对已经展叶的芽苞要开口放风，将嫩梢头露出，防止护袋里温度过高烧死接穗芽。放风口要逐渐打开，由小到大，分2～3次全面打开，不能太早打开或把袋子一次去掉，以免伤害接穗芽。

（2）剪砧：大方块芽接及带木质芽接一样需2次剪砧。7月中旬以前嫁接的，第一次是在嫁接前或嫁接后立即剪砧，在嫁接部位以上留1～3个复叶（图3–13），用来为接芽遮光并为光合作用提供营养。第二次剪砧大概为嫁接后的15天左右，嫁接芽开始活动。此时，应将嫁

图 3–13　第一次剪砧后的嫁接苗

接处上方约2厘米处以上的所有枝条进行剪截，以防水分蒸发影响生长。7月中旬以后嫁接的，嫁接后不宜剪砧，因为当年萌发抽出新梢太短，不能充分木质化。

（3）抹芽除萌：嫁接后的砧木上容易萌发大量萌蘖，应及时抹除接芽以外其他萌芽和萌条，以集中养分供应接芽萌芽和新梢生长。未嫁接成活的植株，可选留1条生长健壮的萌蘖，为下次嫁接做准备。抹芽工作要一直到接穗新梢完全占据优势及萌芽不再萌发。

（4）解膜：嫁接后15天左右可用刀片将包叶柄处割一小口后取出叶柄。待新梢长到10～15厘米时，可将塑料条解除（在接芽背面用刀上下划破即可）。解绑时间不宜过早，避免砧穗折断，影响新梢生长。

（5）绑支柱：当新梢生长到20厘米以上时，要及时设立支架或绑好支柱，新梢和支柱呈“∞”形绑缚，支柱长度为1米左右，粗度视新梢而定，以免刮风或者下大雨将枝梢折断。绑缚不能过紧，要定期松绑，一般在新梢的生长过程中需绑扎2～3次。

（6）摘心定形：8月下旬至9月中旬，应当对生长较快、较旺的嫁接苗进行摘心处理，以促进分枝。争取在圃内就形成良好的幼树雏形，提高苗木的质量。一般新梢长到约1.5米长时（霜降前1个月）摘心，可促进木质化，增加枝干营养积累，对抗寒冬，防止抽梢。

（7）水肥管理：嫁接前一周浇一次透水，嫁接后14天内不能浇水施肥，防止嫁接后流伤加大，造成嫁接口处积水量增大，从而影响成活率。嫁接成活后，幼苗生长旺盛，当嫁接新梢长到10厘米左右时再开始浇水追肥，前期应以氮肥为主，后期可适当添加钾、磷肥，确保树体生长健壮。

（8）中耕除草：嫁接前因核桃母树上去掉了大部分枝条，地里裸露出大面积的空隙，致使树下杂草得以迅速生长，因此嫁接后的锄草是非常必要的，锄草的次数可根据需要进行，等嫁接苗木枝条长出覆盖地面后，树下的杂草就会逐渐停止生长。

（9）病虫害防治：幼苗枝叶幼嫩，易受病虫为害。防治核桃褐斑病、黑斑病、白粉病等，可于新梢长到30厘米以后结合喷肥喷70%

甲基托布津800～1 000倍液、72%农用链霉素可溶性粉剂3 000～4 000倍液、200倍液波尔多液2～3次，每间隔15天喷施1次，药品要交替使用。核桃害虫主要有金龟子、黄刺蛾及象鼻虫等，可在嫁接前喷施高效氯氰菊酯、辛硫磷等杀虫剂进行防治。

（10）摘除幼果：大部分早实核桃品种和少部分晚实品种嫁接当年会开花结实，嫁接成活的树要及时检查，摘除幼果，以免影响接穗生长。

2.嫁接后两年的管理

（1）发芽前完成修剪：按照去弱留强的原则和适宜发展树形原则，确定骨干枝后，重点剪除生长部位不正的下垂枝、交叉枝、病虫枝、损伤枝等，并对骨干枝进行适度短截。按照目标树形做好第一层侧枝和第二层主枝的选留工作。

（2）追施氮肥：每株施尿素0.1～0.2千克或磷酸二铵0.05～0.1千克，或每株施农家肥5～10千克。

（3）疏花疏果：嫁接后第二、三年是树体重要的生长发育期，主要任务是长树，并向结果期过渡，不要让树的主要骨干枝顶部结果，空闲部位挂果可以适当保留一些，但要防止结果过多，因此，应及时对雄花和幼果进行疏除，保证树体正常生长。

（4）加强田间管理：及时做好病虫害防治和水肥、除草等田间管理工作。

第六节　苗木出圃

苗木出圃是育苗过程中的一个重要环节。为了使苗木在定植后生长良好，必须做好苗木出圃工作。出圃前，应对所培育的嫁接苗数量和质量进行抽样调查，根据苗木的情况做出详细的出圃计划和安排。出圃时的工作内容包括前期准备、苗木出土、分级、包装、运输和假植等。

1.苗木出圃与分级 我国北方地区，核桃幼苗越冬有“抽条”现象，一般是于秋季落叶之后出圃假植，春季再栽。在没有抽条现象的地区，可在春季解冻之后，芽萌动之前起苗，随挖随栽。起苗前1周要灌1次透水。起苗方法有人工起苗和机械起苗（图3-14）两种。

图3-14 起苗机起苗

苗木挖出后要进行分级，以保证出圃苗木的质量和规格，提高建园时栽植成活率和整齐度。建园用的嫁接苗要求品种纯正、接合牢固、愈合良好，接口上、下的苗茎粗度要接近；苗茎通直，枝条健壮、芽体饱满、根系发达、木质化程度高，无冻害、风折、机械损伤及病虫害等；苗根的劈裂部分粗度在0.3厘米以上时要剪去。根据国家标准GB 6000—1999主要造林树种苗木质量分级标准：

一级苗：苗高在68厘米以上，地径大于1.45厘米，主根长度大于40厘米，侧根数量在24条以上。

二级苗：苗高在48 ~ 68厘米，地径1.14 ~ 1.45厘米，主根长度为35厘米左右，侧根数量在20条以上。

2.苗木包装和运输 核桃苗木运输时，应根据要求对品种和等级进行分类包装，同一品种每捆25株或50株，根部蘸浆后放入湿蒲包内，喷水保湿。为防止品种混杂，内外都要有标签，标签上注明品种、等级、苗龄、数量、起苗日期等，然后挂在包装外面明显处。苗木外运最好在晚秋或早春气温较低时进行。启运前要履行检疫手续。长途运输时应加盖苫布，途中要及时喷水，防止苗木失水、发热和冻害。运到目的地之后，立即将捆打开进行假植。

3.苗木假植 起苗后不能立即外运或栽植时，必须进行假植。根据假植时间长短分为整捆临时假植（图3-15）和分株假植（图3-16）。整捆临时假植一般不超过10天，只要用湿土埋严根系即可，干燥时洒水。越冬假植时间长，可选择地势高、排水良好、交通方

图3-15 整捆临时假植

图3-16 分株假植

便、不易受人畜危害的地方挖假植沟。沟的方向应与主风方向垂直，沟深约1米，宽约1.5米，长度依苗木数量而定。假植时先在沟的一头垫些松土，苗木斜放成排，呈30°～45°，埋土露梢，然后再放第2排，依次呈覆瓦状排列。假植时若沟内干燥，应及时喷水，假植完毕后，埋住苗顶。土壤结冻前，将土层加厚到30～40厘米，春天转暖后及时扒土并检查，以防霉烂。

第四部分 核桃高接换优技术

高接换优就是利用现有的树体骨架进行嫁接的一种方式。它是低质低产园改良品种采用比较普遍的技术措施，也是快速推广优良品种、提高果品品质、快速实现优良品种规模化、产业化栽培的重要途径。高接换优同普通嫁接虽然在实质上是相同的，但由于嫁接部位的升高，砧木的水分和营养比较丰富，嫁接成活后生长迅速，能有效缩短挂果周期。研究表明，通常高接树比同期普通低接树早结果1～3年，树势均匀，易于管理。近年来，核桃成为农业种植结构的调整和山区扶贫开发的重要树种。政府的引导、科技的提升、新品种的涌现和较高的经济收益，使核桃产业得到了迅猛发展。部分原有核桃因苗木纯度较差、良莠不齐、种类混杂、缺乏管理等原因，局部地区出现大面积长势弱、产量低、品质差的现象，既不能满足市场需求，又严重影响果农种植的积极性。因此，通过采用高接换优技术，有目的、有计划、分批次地对原有实生和劣质低产核桃树实施改造，尽快提升核桃的品质及产量、提高经济效益，以便解决当前核桃发展面临的实际问题，对促进核桃产业健康和可持续发展起到积极的推动作用。核桃高接换优之所以能够提早结果是因为高接的砧木一般树龄大，且有较强的根系，树体骨架已经确立，砧木本身发育已处于成熟阶段，经过高接削弱了顶端优势，使嫁接枝头生长势均衡稳定，能够迅速的形成结果枝群，因此，比一般低接和实生群类更早进入结果期。同时，高接使核桃适应环境能力得到增强，抗旱抗寒能力得到提高，减轻了病虫害，也使结果树龄得到了延长。

第一节 高接换优的条件

一、树体条件

应选择树势强旺、无严重病虫危害或是大的树体损伤的核桃树作为砧木进行高接，树龄最好在5～15年，树龄过高，树势衰弱、愈合能力下降，高接后树势恢复缓慢，嫁接部位容易出现干枯现象，产量也难以达到以往水平。嫁接部位粗度以5～8厘米为宜，一般不超过10厘米，主干高度以2米左右为宜。此龄段和规格标准在实际应用中成活率高，生长量大，树冠恢复迅速。树龄过小成活率低，生长慢；树龄过大操作不便，成活后易成“小老树”。对过密的核桃园可隔株改接，待以后将未改接的树间伐。对于已经发展起来的较集中连片的10年生以下核桃可有计划地、分年度对高龄树实施改接换优。

二、立地条件

高接换优的核桃树要有适宜的生长环境，具有较厚的土层和肥沃的土壤，通风透光和给水条件要求良好。对立地条件不好，或因管理不规范，土壤板结、营养不均衡等原因造成的苗木生长不良，应先进行土壤改良，通过施肥、扩穴、深翻等措施促进树势由弱转强后，再进行改接。

第二节 接穗采集与处理

采用芽接时，嫁接随时采集即可。枝接接穗需要提前采集与处理。

一、接穗采集

1.接穗采集时间 为了保证接穗质量，正确地采集与贮藏非常重要。枝接接穗采集从核桃落叶至芽萌动前的整个休眠期都可进行，但各地气候条件不同，采集的具体时间亦各异。北方核桃抽条现象严重和冬季或早春枝条易受冻害的地区，宜在秋末冬初采集，只要贮藏得当，对成活率影响很小；冬季抽条和寒害轻微的地区或采穗母树为成龄树时，可在春季芽萌动之前采穗，这一时期采穗可随采随用或短期贮藏，嫁接成活率高。贮藏的关键是做好保温、保湿，以防止枝条失水或受冻（图4–1）。

2.采穗方法 芽接穗条应采集优良品种树或采穗圃树冠外围中上

部一年生发育良好的健壮发育枝或是结果枝，幼嫩新梢不适合做穗条。为减少水分蒸发，芽接接穗从树上剪下后要立即去掉复叶，留2厘米左右长的叶柄，每20～30根打成一捆，打捆时应注明品种，防止蹭伤幼枝的表皮。枝接接穗宜用手剪或高枝剪，剪口要平，不能呈斜茬，忌用镰刀砍。采后，将穗条根据长短和粗细进行分级，每捆30～50根，剪去顶部过长、弯曲或不成熟的顶梢，剪好的枝条应及时蜡封，标注品种后打捆贮藏备用。

图4-1　枝接接穗

二、接穗运输、贮藏

1.运输　枝接的接穗调运最好在初冬或早春气温较低、无冻害时进行，防止出现气温过高造成霉烂或失水。运输过程中要用塑料薄膜分捆包严、装入麻袋，路途遥远时，塑料膜内还要夹放湿锯末或苔藓，进行保温保湿。

2.越冬贮藏　田间枝接和高接换优用的接穗，可先进行越冬贮藏，待砧木萌芽展叶后方可嫁接。贮藏方法：在背阴处，开挖宽度为1.5～2米，深度为80厘米的贮藏沟，长度按接穗多少而定。将接穗捆后平放于沟内，接穗堆放不易过厚，每层中间加10厘米左右的湿沙或湿土，最后表层应均匀的平铺30～40厘米湿沙进行保温保湿（图4-2），冬季温度太低时，上边应加盖草帘或秫秸进行防寒。也可通过地窖、窑洞、冷库等贮藏，贮藏最适温度为0～5 ℃，最高不能超过8 ℃，相对湿度80%以上。否则，就会降低接穗质量，从而影响嫁接成活率。

图 4-2　越冬贮藏接穗

三、接穗处理

硬枝嫁接的接穗，一般在嫁接前应进行剪截和蜡封。接穗剪截长度：枝接接穗长度为12～16厘米，有2～3个饱满芽。应保证第一个芽的质量，要求第一个芽距剪口1.5厘米左右处平剪（图4-3）。在剪截接穗时，应注意剔除有病虫害、瘪芽、受伤芽和木质疏松、髓心大的枝段（图4-4）（髓心不能超过一半）。同时还应使每根接穗的现存芽在满足顶芽为好芽的情况下，以充分利用好芽为原则，进行剪截。

蜡封一般在嫁接前15天以内进行，效果最佳。接穗蜡封时（图4-5），是将石蜡放入蘸蜡桶（直径20厘米左右、高25厘米左右）或其他恰当的容器中，在电磁炉上加热，蜡温控制在90～100 ℃。为了控制温度，可在容器内放置一个棒状温度计，以观察温度的变化。为使蜡液

图 4-3　剪截好的接穗

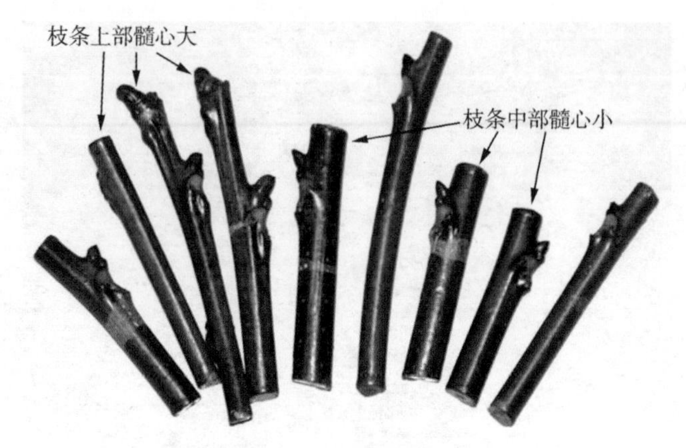

图 4-4　筛选接穗

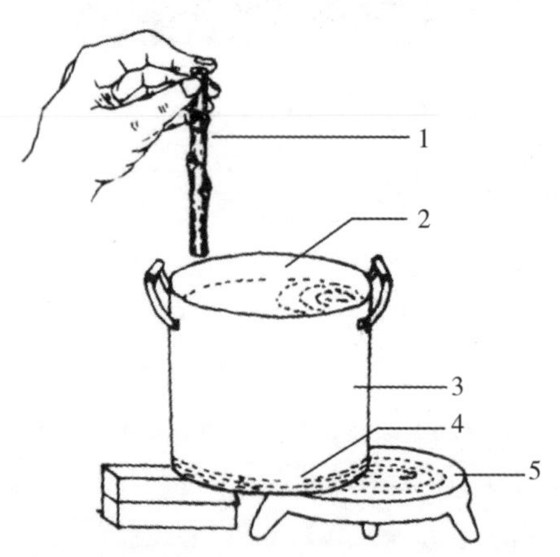

1. 接穗　2. 石蜡　3. 容器　4. 水　5. 热源

图 4-5　接穗蜡封

温度易于控制（100 ℃以下），可在蜡桶内加一半左右的水，蜡在上层，水沉下层，当蜡温达到要求的温度时，将蜡桶向热源旁侧稍移，使加热点及蜡液翻腾点靠近蜡桶边缘，使另一侧形成一平静的蜡面。将剪好的穗段在平静蜡面处速蘸（翻腾点周围蘸蜡不均匀），再倒过来蘸另一头，使整个接穗表面包被一层薄而透明的蜡膜。如果接穗上蜡层发白掉块，说明蜡液温度太低，待温度升高后再进行。蘸蜡时要快，否则接穗表面附蜡膜厚、附着性差、易脱落，起不到保水的作用。封过蜡的接穗按100根1捆用绳捆好，系上标签，放在室内阴凉处备用。

第三节　砧木处理

一、短截

芽接的核桃砧木，应先将多余的主枝去掉，对保留的主枝进行短截处理，处理方法如下：3年生以下的树，按多主枝丛状形，春季萌芽前，在主干距地面1～1.2米处截干，萌芽后留2～3个新梢；3年生以上的树，按开心形或主干疏层形，在春季萌芽前，将主枝保留8～10厘米，全部锯断，萌芽后每主枝留1个新梢。

二、放水

伤流主要是因为土壤中含水量较高、核桃根压大造成的，它是影响核桃高接成活率的关键因素之一。伤流大，嫁接后树液急流向嫁接口，使接穗和砧木很难形成愈伤组织，致使嫁接成活率低，所以在嫁接前要对核桃进行放水（即放浆）（图4–6）。核桃树放水必须自下而上，这样拉出的伤口下边深上边浅，有利于伤流排出，而且在下雨的时候雨水不容易停留在核桃树伤口。同时核桃树放水的伤口要深度适宜，原则上下部伤口在木质层左右，下深上浅。具体方法：大树放水最好在高接前2～3天，在干基或主枝基部5～10厘米处锯2～3个深达木质部1～1.5厘米的锯口，呈螺旋状交错斜锯放水。或在嫁

图4–6　砧木放水

接前7天先从预嫁接部位以上20厘米处锯断，砧木放水后再行嫁接。也可利用断根放水，切断1～2厘米粗的细根1～2条，使伤流提前从根部溢出。伤流液的有无、多少，受立地条件、气温和树体本身特性所控制，有时在嫁接时并无伤流，但隔一夜后，或在寒流来临或下雨之后，伤流就会马上表现出来，因此嫁接前放水对控制伤流十分重要。

第四节　嫁　接

一、嫁接时期

春季枝接以萌芽至展叶前最好，北方多在3月下旬到4月下旬，南方则在2～3月。如果枝接太早，伤流重，砧、穗不能紧贴，加之接穗、砧木不离皮，难于插合；太迟，树体养分消耗多，组织分生能力下降，当年枝条生长量减小。由于各地气候相差很大，以核桃物候期的变化为准。芽接时期与苗木嫁接相同，北方5月中旬至6月下旬。

二、嫁接方法

1.插皮舌接　接穗木质部呈舌状插入砧木树皮与木质部之间嫁接叫插皮舌接，它是在插皮接基础上改进而来的，适用于砧木和接穗粗度相差较大，容易离皮时进行。具体操作：在砧木平滑无节处锯断或剪断，削平锯口，在准备插接的部位由下至上削去老皮，长5～7厘米，宽1～1.5厘米，露出皮层或嫩皮。如果砧木树皮太厚造成接穗皮与砧木无法紧密结合，可在横切面与皮层交叉处斜削45° 月牙状切口。接穗削成6～8厘米长的薄舌状马耳形平滑削面(即刀口一开始就要向下切凹，并超过髓心，然后斜削，保证整个斜面较薄)。把接穗削面前端用手捏开，使之与木质部分离，将接穗的木质部插入砧木的木质部和韧皮部皮层之间，使接穗的皮层紧贴在砧木的嫩皮上，插穗上端留白0.5厘米左右即可（图4–7、图4–8）。

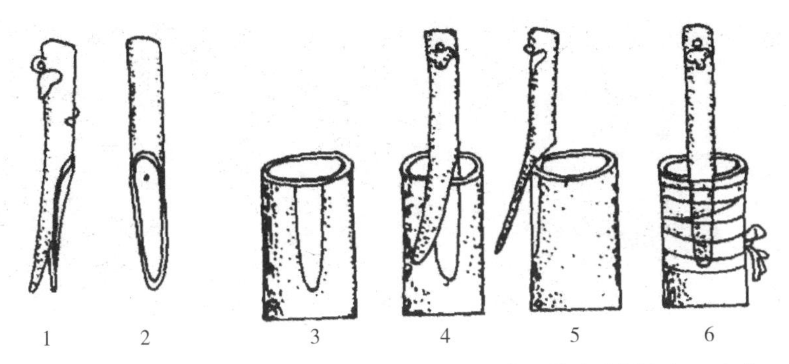

1. 接穗侧面　2. 削面　3. 砧木正面　4. 插入接穗　5. 插入接穗后的侧面　6. 包扎

图 4-7　插皮舌接示意图

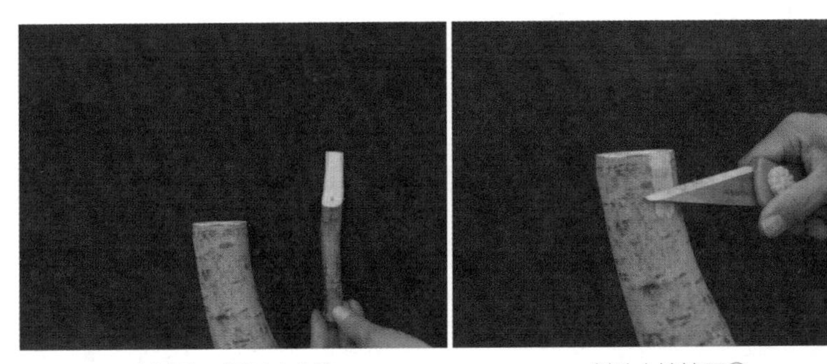

削接穗、锯平砧木①　　削砧木嫁接面②

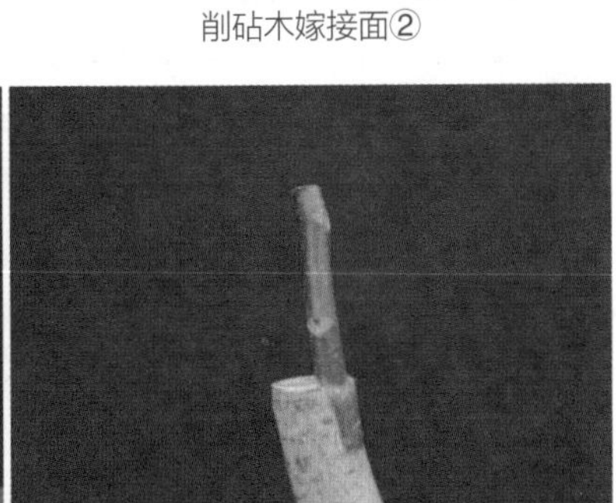

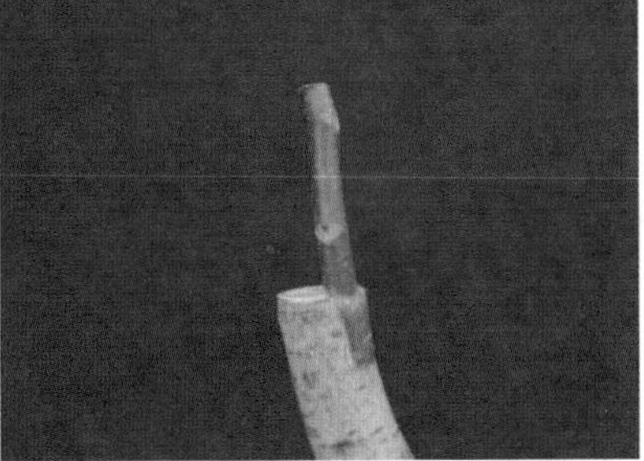

砧木嫁接面斜削 45° 左右③　　插入接穗④

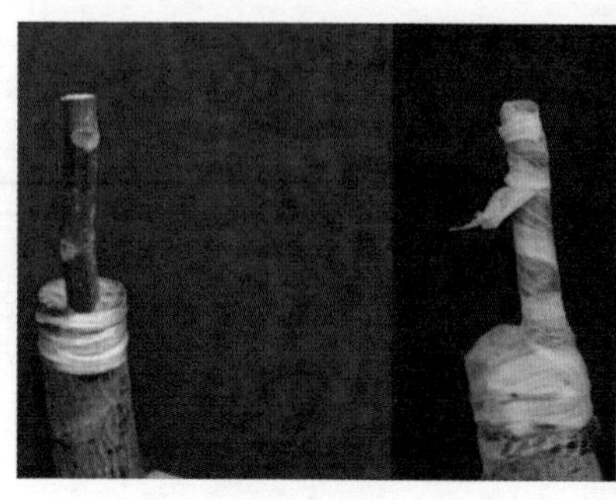

捆绑、包扎⑤

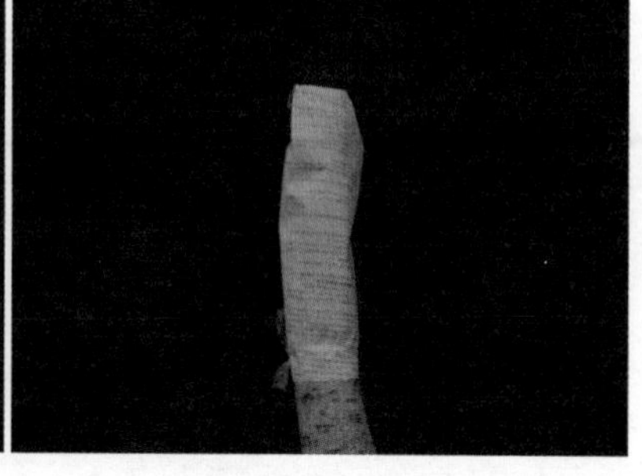

报纸包裹保湿遮阴⑥

图 4-8　插皮舌接实例

2.插皮接　插皮接也称作皮下接，是枝接中应用最广泛的一种方法，具有操作简便、迅速、容易掌握、成活率高等特点，该方法嫁接应于接穗萌动以前、砧木离皮以后进行，砧木直径在2～3厘米以上都可以采用这种方法。具体操作：首先剪断或锯断砧干，削平锯口，在砧木光滑无疤的地方，由上向下垂直划一刀，深达木质部，长6～8厘米，顺刀口用刀尖向左右挑开皮层，如接穗太粗，不易插入，也可在砧木上切一个3厘米左右、上宽下窄的三角形切口。接穗的削法为先将一侧削成一个大削面呈马耳形，斜面切削时先用刀斜深入到木质部的1/2处，而后向前切削至先端，长6～8厘米，接穗粗时可削长些，细时可削短些。接穗插入部分的厚薄可根据砧木的粗细灵活掌握，粗砧木皮厚可留厚一些，细砧木接穗要削薄一些，以能正好插入切口为准。其另一侧的削法有3种：第1种是在两侧轻轻削去皮层（从大削面背面往下0.5～1厘米处开始），在插接穗时要在砧木上纵切，深达木质部，将接穗顺刀口插入，接穗内侧露白0.7厘米左右，这样可以使接穗露白处的愈伤组织和砧木横断面的愈伤组织相连，保证愈合良好，避免嫁接处出现疙瘩，而影响嫁接树的寿命；第2种是把大削面背面0.5～1厘米处往下的皮全部切除，露出木质部，插接穗时不需纵切砧木，直接将接穗的木质部插入砧木的皮层与木质部之间，使二者的皮部相接；第3种是背面削尖后插入即可（图4–9、图4–10）。当接穗芽间距很小或砧木皮严重老化不适用于插皮舌接的枝，也适宜用此法嫁接。

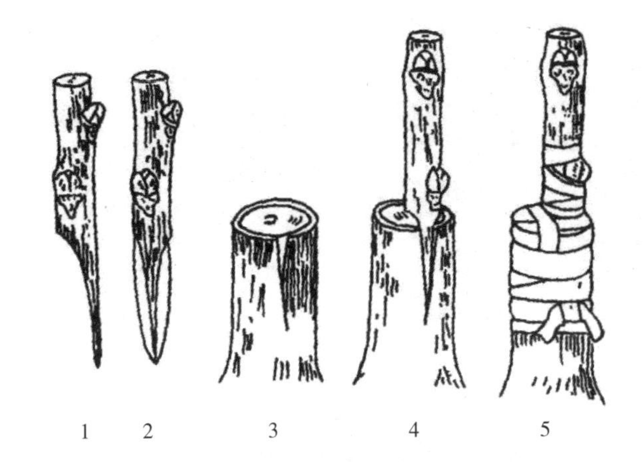

1. 接穗侧面　2. 接穗背面　3. 竖切砧木划开皮层　4. 插入接穗　5. 包扎

图 4-9　插皮接示意图

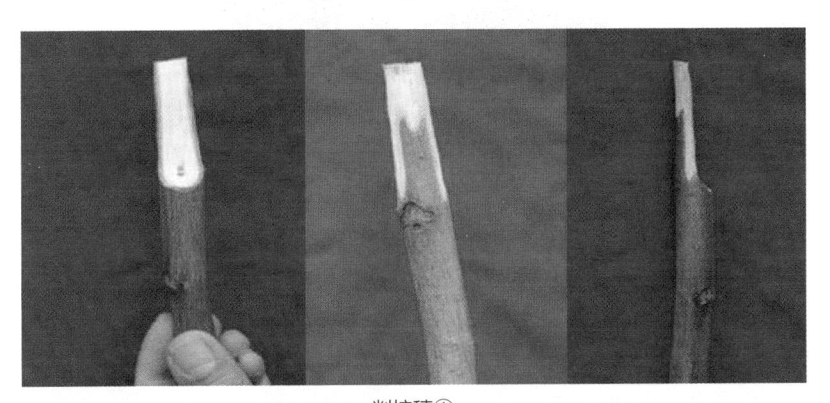

削接穗①

锯平砧木②

切砧木、划开皮层③

插入接穗④

捆绑、包扎⑤

报纸包裹保湿遮阴⑥

图 4-10　插皮接实例

枝接时应注意以下三点：一是嫁接部位直径粗度以5～7厘米为宜，最粗不超过10厘米，过粗不利于砧木接口断面的愈合，因此高接时应选择好适宜的粗度位置。二是砧木接口直径在3～4厘米时可单头单穗（图4-11），直径在5～8厘米时可插入2～3枝接穗。10年生以上的树应根据砧木的原从属关系进行高接，高接头数不能少于3～5个（图4-12、图4-13）。三是插接穗时要选择好方位，以免造成拉劈。

3.芽接法　主要采用大方块芽接（图4-14）和初春“T”字形带木质部嫁接，具体参照嫁接育苗中的芽接部分。

图 4-11　单头高接

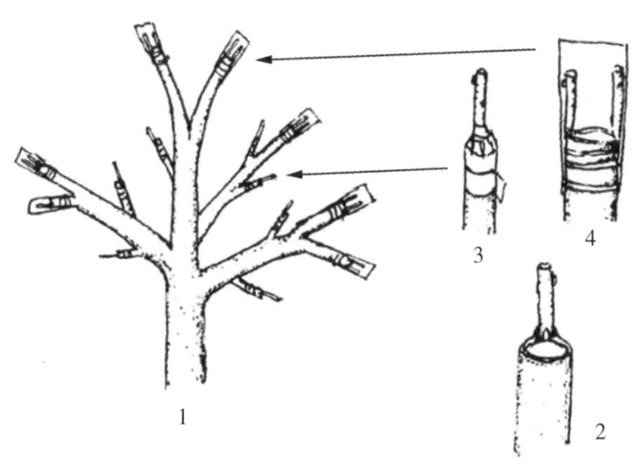

1. 每个骨干枝嫁接　2. 插接穗　3. 包扎　4. 枝粗插 2 个接穗

图 4-12　多头高接

图 4-13　多头高接发芽情况

图 4-14　高接树方块芽接生长情况

第五节 接后管理

采用方块芽法嫁接时，接后管理同育苗技术中接后管理。枝接法则需要如下管理。

一、接后保湿措施

接后保湿措施是影响成活率的关键环节，保湿方法多种多样，主要有装土保湿法、塑膜扎封报纸遮阴法、蜡封接穗塑膜包扎法、塑膜扎封法和接后涂保湿剂法等，以装土保湿法和塑膜扎封报纸遮阴法效果最好，但用工量较大。

1.装土保湿法 接穗砧木插合后，先用麻皮或塑料绳将接口部位由下至上成圈绑扎牢固，然后用内衬报纸的塑料筒套在上边，上端高出接穗4～5厘米，下端在砧木切口下部绑牢固，然后往筒内装入细湿土或锯末(手捏成团，丢之即散)，轻轻捣实，埋土深度要高出接穗顶部1厘米，最后将上口扎严。芽萌后需要放风。

2.塑膜扎封报纸遮阴法 接穗砧木插合后，用塑料绳将砧穗绑紧绑牢，随即用宽3～5厘米的地膜，全部扎封包严砧穗，薄膜扎封接穗经过接芽时单层膜通过。然后用报纸包裹，外套塑料袋后下部绑扎，接穗芽萌发后，在塑料袋背阴面人工破口放风。

3.蜡封接穗塑膜包扎法 采用蜡封接穗，接穗砧木插合后，用塑料绳将砧穗绑紧绑牢，再用塑料薄膜由下至上包严砧木的横切面及接穗露白处，芽萌动后不用放风。

4.塑膜扎封法 接穗砧木插合后，用塑料绳将砧穗绑紧绑牢，全部扎封包严砧穗，薄膜扎封接穗经过接芽时单层膜通过。芽萌动后可自动破出，不用放风（图4–15）。

图 4-15　塑膜扎封报纸遮阴法

二、树体管理

1.扩大树盘　扩大树盘是核桃高接换优后期管理的基础工作，有利于清除核桃树周围杂草、聚集雨水、减少杂草与树体争夺养分和水分，从而保证嫁接成活率。具体方法是：以树干为圆心，向外扩1米半径的圆盘，里低外高，最后疏松盘内土壤，深度20～30厘米；坡度大的地方可修成半圆形的鱼鳞坑 。

2.除萌　对嫁接后接穗已经成活的植株，应及时除掉砧木上所有萌芽，一般每10天左右除1次，连续3～4次。春季嫁接未成活的，每处断面保留1～2个萌芽，过多的萌芽也要去掉；夏季芽接后20天内，去掉所有砧木萌芽；20天后，接芽未成活的可以保留接芽以下的萌芽。

3.放风　装土保湿的要注意放风，当新梢长出土后，可将袋顶部开一个小口，由小到大分3次打开，最好趁阴雨天或傍晚打开，以免产生日灼。

4.防风折　待新枝长到20～30厘米时，要将土全部去掉，及时在嫁接口处绑缚2～3根2米左右的支柱（具体长度根据砧木高度及枝条长度而定），将新梢轻轻绑缚在支柱上，以防风折，随新梢生长要绑缚2～3次，每次间隔30厘米左右（图4–16）。

图4-16　绑支柱

5.剪砧、解绑　夏季芽接的，当接芽长到5厘米时剪砧，把接芽以上的部分剪掉。无论春季枝接还是夏季芽接，均要在接芽长到15～20厘米时进行解绑。

6.新梢摘心　当嫁接新梢长至30～50厘米时进行摘心，摘除顶端的5～8厘米嫩梢；8月底，对全部枝条进行摘心。对摘心后萌芽的侧枝，每个枝条除选留2～3个方向、距离合适的侧枝外，其余抹除（图4-17）。

7.整形修剪　高接后接头多，成活发枝多的，暂时保留辅养枝，第二年疏剪过密枝，留下的枝可结果和培养新骨干枝（图4-18）。整形过程中要多留枝，以轻剪为主，少短截，尽快恢复树冠和产量（图4-19）。

8.疏花疏果　早实品种的接穗在成活后当年开花坐果的，要及时疏掉。早实核桃高接后2～3年内要采取疏花疏果措施，尽量不让结果或少结果。

9.防治病虫害和冻害　害虫主要有云斑天牛、刺蛾、金龟子等，可用1 000～1 500倍敌敌畏或1 000～1 500倍辛硫磷喷2～3次；病害主要有黑斑病、炭疽病、枝枯病等，可于发病期喷70%甲基托布津、40%多菌灵700～1 000倍液。冬季用草包新枝或用石灰水对枝条涂白预防冻害。

图 4-17　高接发枝情况

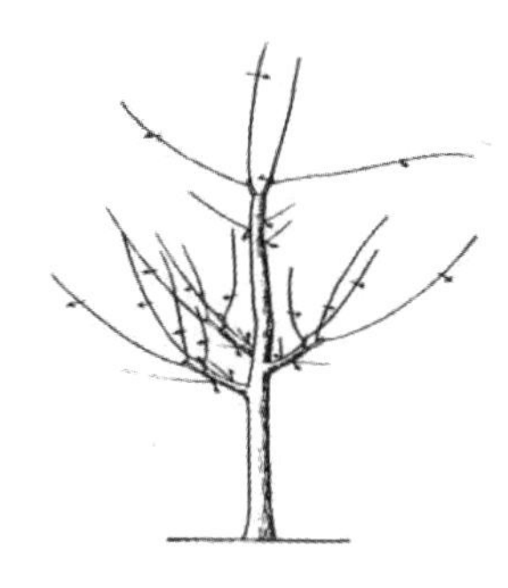

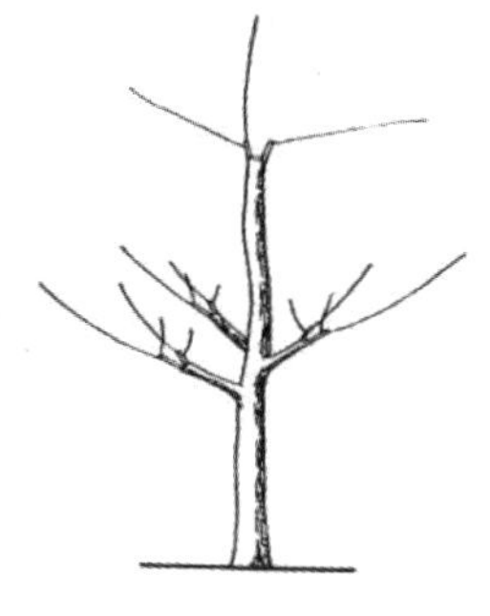

图 4-18　高接树的修剪

图 4-19　高接后树冠恢复情况

10.肥水管理 嫁接后，视土壤墒情加强水肥管理，在土壤缺墒不太严重时，嫁接后2周内不浇水施肥，当新梢长到10厘米左右时追肥浇水。没有灌溉条件的大树，可进行叶面喷肥，每10~15天喷施1次300倍液尿素；8月中旬以后停止喷施尿素，改喷300倍液磷酸二氢钾。

第五部分 核桃树整形修剪技术

第一节　果树整形修剪的概念及作用

一、整形修剪的概念、意义

整形是人为地把树体改造成一定的形状，使其形状符合其自身的生长发育特点。整形的目的是使主侧枝在树冠内配置合理，构成坚固的骨架，能负担起丰产的重量，并充分利用空间和光照，减少非生产性枝，缩短地上部与地下部距离，使果树立体结果，生长健壮，丰产优质。

修剪是对树体枝条进行剪裁（机械、化学、物理方法），控制枝干生长的方法。它是调节果树生长与结果关系的重要措施，能够使各类枝条分布协调，充分利用光照条件，调节养分分配，达到稳产丰产，延长盛果期和经济寿命的目的。

整形修剪可以使果树提早结果，控制营养生长转为生殖生长；延长经济寿命（有经济产量时期的长短），减少冻害及氧化，使枝条老化的速度减慢，改变物质运输和分配，使地上营养多、结果均衡；提高产量，克服大小年现象（大小年可以使果树的寿命减少）；改善树体通风透光条件，使树冠中光照有效光强，提高品质；减少病虫害，提高抗逆性。

二、整形修剪的作用及依据

（一）作用

整形修剪可以调节树木与环境的关系，合理利用光能，与环境条件相适应；调节树体各局部的均衡关系及营养生长和生殖生长的矛盾；调节树体的生理活动。

1.调节果树与环境的关系　整形修剪的重要任务之一是通过调节个体、群体结构，改善通风透光，充分合理地利用空间和光能，调节树木与温度、土壤、水分等环境因素之间的关系，为树木的生长发育营造更加有利的环境。

整形和修剪可调节树木个体与群体结构，改善光照条件，使树冠内部和下部有适宜光照，树体上下、内外，呈立体结果。从树形看，开心形比有中心干树形光照好。有中心干的中、大型树冠，一定要控制树高和冠径，保持适宜的叶幕厚度，通常可将叶幕分为2～3层，叶幕间距保持1米左右，光能直接射到树冠内部，尽量减少光合作用无效区。增加栽植密度，采用小冠树形，有利于提高光能利用率，使表面受光量增大。如果密度过大，株行间都交接，也会在群体结构中形成无效区。此外，通过开张角度，注意疏剪，加强夏季修剪等措施，均可改善光照条件。

2.调节树体各局部之间的关系　植株是一个整体，树体各部分和器官之间经常保持相对平衡。修剪可以打破原有的平衡，建立新的动态平衡，向着有利于人们需要的方向发展。

（1）地上、地下的关系。利用地上、地下的平衡关系调节树体的生长。果树地上部与地下部存在着相互依赖、相互制约的关系，任何一方增强或削弱，都会影响另一方的强弱。剪掉地上部的部分枝条，地下部比例就会相应增加，对地上部的枝芽生长有促进作用；若断根较多，地上部比例相对增加，对其生长会有抑制作用；地上部和地下部同时修剪，虽然能相对保持平衡，但对总体生长会有抑制作用。为保持平衡，移栽果树时必然切断部分根系，同时对地上部也要截疏部分枝条。

主干环剥、环切等措施，虽然未剪去枝叶，但由于阻碍地上部有机营养向根系输送，抑制新梢生长，必然使根系生长受到强烈抑制，进而在总体上抑制全树生长。

根系适度修剪，有利于树体生长，但断根较多则抑制生长。断根时期很重要，秋季地上部生长已趋于停止，并向根系转移养分，适度断根既有利于根系的更新，对地上部影响也小；在地上部新梢和果实迅速生长时断根，对地上部抑制作用较大。

（2）生殖生长与营养生长之间的关系。生长和结果是果树整个生命活动过程中的一对基本矛盾，生长是结果的基础，结果是生长的目的。从果树开始结果，生长和结果长期并存，两者相互制约，又可相互转化。修剪是调节营养器官和生殖器官之间均衡的重要手段，修剪过重可以促进营养生长，降低产量；过轻有利于结果而不利于营养生长。合理的修剪方法，既应有利于营养生长，同时也有利于生殖生长。在果树的生命周期和年周期中，首先要保证适度的营养生长，在此基础上促进花芽形成、开花坐果和果实发育。

（3）调节同类器官间的均衡。枝条与枝条、果枝与果枝、花果与花果之间也存在着养分竞争，果农中有“满树花半树果，半树花满树果”的说法，表明花量过大，坐果率并不高，通过细致修剪和疏花疏果，可以选优去劣，去密留稀，集中养分，保证剪留的果枝、花芽结果良好。

3.调节生理活动 修剪有多方面的调节作用，但最根本的是调节果树的生理活动，使果树内在的营养、水分、酶和植物激素等的变化有利于果树的生长和结果。

重短截的植株叶绿素含量较多，但到生长末期其差别消失。植株光合作用的强度、蒸腾强度和呼吸强度，也以修剪处理表现较强烈，在7月枝梢生长特别旺盛时最高，生长末期下降，其变化较对照缓和。随着叶片的衰老，多酚氧化酶活性提高，试验表明，对照植株中多酚氧化酶比修剪植株的多，因此其叶片衰老快，植株停止生长早。

环剥、环割可局部改变环剥口以上的营养水平，可控制旺长，促进成花，是幼树早结果、早丰产的重要技术措施。环剥有抑前促后的作用，即对环剥口上部的生长有抑制作用，而对环剥口下部则有促进作用。果树实施环剥、环割技术，其原理是暂时阻碍光合作用生产的有机物向地下部运转，使营养集中在枝、芽上积累，促进花芽形成，提高花质，减少落花落果；使幼树营养生长周期缩短，提早结果；使旺长、空怀树增加产量。

枝条拉平、弯曲会促进乙烯合成，近先端处高，基部低，背上高，背下低，从而影响枝条生长；弯枝转折处细胞分裂素水平提高，有利于上侧芽的分化、抽枝。

（二）整形修剪的原则、依据

1.自然环境和当地条件　自然环境和当地条件对果树生长有较大影响。果树的生长发育依外界自然条件和栽培管理条件的不同而有很大的差异。因此，果树的整形修剪应根据当地的地势、土壤、气候条件和栽培管理水平，采取适当的整形修剪方法。在多雨多湿地带，果园光照和通风条件较差，树势容易偏旺，应适当控制树冠体积，栽植密度应适当小一些，留枝密度也应适当减小；在干燥少雨地带，果园光照充足，通风较好，则果树可栽植密度大些，留枝可适当多一些；在土壤瘠薄的山地、丘陵地和沙地，果树生长发育往往受到限制，树势一般表现较弱，整形应采用小冠型，主干可矮一些，主枝树木相对多些，层次要少，层间距离要小，修剪应稍重，多短截、少疏枝；在土壤肥沃、地势平坦、灌水条件好的果园，果树往往容易旺长，整形修剪可采用大冠型，主干要高一些，主枝数目适当减少；易遭受霜冻的地方，冬剪时要多留花芽，待花前复剪时再调整花量。

2.品种和生物学特性　萌芽力弱的品种，抽生中短枝少，进入结果期晚，幼树修剪时应多采用缓放和轻短截；成枝力弱的品种，扩展树冠较慢，应采用多短截少疏枝；以中、长果枝结果为主的品种，应多缓放中庸枝以形成花芽；以短果枝结果为主的品种，应多轻截，促发短枝形成花芽；对干性强的品种，中心干的修剪应选弱枝当头或采用“小换头”的方法抑制上强；对干性弱的品种，中心干的修剪应选强枝当头以防止上弱下强；枝条较直立的品种，应及时开角缓和树势以利于形成花芽；枝条易开张下垂的品种，应注意利用直立枝抬高角度以维持树势，防止衰弱。

3.核桃树势和树龄　树势是树体总的生长状态体现，包括发育枝的长度、粗度、各类枝的比例、花芽的数量和质量等。不同树势的树体生长状态是不同的，其中不同枝类的比例是一个常用的指标，长枝所占比例大，表明树势旺盛；长枝过少甚至不发长枝，则表明树势衰弱。长枝光合能力强，向外输出光合产物多，对树体的营养有较强的调节作用；而短枝光合产物的分配有一定的局限性，向外输出光合产物少。

幼龄树，整形修剪的任务是在加强肥水综合管理的基础上，促进幼树的旺盛生长，增加枝叶量，加快树形的形成，早成花早结果，修剪方法应以轻剪为主，可通过刻芽、摘心等措施增加中、短枝的数量。削弱生长势生长旺的树，宜轻剪缓放，疏去过密枝，注意留辅养枝，弱枝宜短截，重剪少疏，注意背下枝的修剪。初果期是核桃树从营养生长为主向结果为主转化的时期，树体发育尚未完成，结果量逐年增加，这时的修剪应当既利于扩大树冠，又利于逐年增加产量，还要为盛果期树连年丰产打好基础，在保证树冠体积和树势的前提下，应促使果期年限尽量延长；在加强肥水综合管理的基础上，采取细致修剪，更新结果枝组，调节花、叶芽比例以克服大小年结果现象，在核桃树的盛果期及以后的生长时期维持健壮的树势，在加强肥水管理的基础上，通过修剪复壮，保持适宜的长枝比例，可以维持一定的生长势。衰老期果树营养生长衰退，结果量开始下降，此时的修剪应使之复壮树势、维持产量、延长结果年限。主要是在增施肥水的前提条件下，通过回缩更新复壮。

在核桃树一年生长的不同阶段要按其特性进行修剪。休眠期是主要的修剪时期，可进行细致修剪，全面调节。开花坐果期消耗营养较多，生长旺，营养生长和开花坐果竞争养分和水分的矛盾比较突出，可通过刻芽、摘心、环剥、环割、喷布植物生长延缓剂等进行调节。花芽分化期之前可采取扭梢、环剥、摘心、拿枝等措施，促进花芽分化。新梢停长期，疏除过密枝梢，改善光照条件，可提高花芽质量。对于果树来讲，夏季修剪对生长节奏有明显的影响作用，因此夏季修剪的重点是调节生长强度，使其向有利于花芽分化，有利于开花、坐果和果实发育的方向进行。

4.枝条的类型　由于各种枝条营养物质积累和消耗不同，各枝条所起的作用也不同，修剪时应根据目的和用途采取不同的修剪方式。树冠内的细弱枝，营养物质积累少，如用于辅养树体，可暂时保留；

如生长过密，影响通风透光，可部分疏除，同时可起到减少营养消耗的作用。中长枝积累营养多，除满足自身的生长需要外，还可向附近枝条提供营养。如用于辅养树体，可作为辅养枝修剪；如用于结果，可采用促进成花的修剪方法。强旺枝生长快，消耗营养多，甚至争夺附近枝条的营养，对这类枝条，如用于建造树冠骨架，可根据需要进行短截；如属于和发育枝争夺营养的枝条，应疏除或采用缓和枝势的剪法；如需要利用其更新复壮枝势或树势，则可采用短截法促使旺枝萌发。

5.地上部与地下部平衡 核桃树地上与地下两部分组成一个整体。叶片和根系是营养物质生产合成的两个主要部分。它们之间在营养物质和光合产物的运输分配中相互联系、相互影响，并由树体本身的自行调节作用使地上和地下部分经常保持着一定的相对平衡关系。当环境条件改变或外加人为措施时（如土壤、水肥、自然灾害及修剪等），这种平衡关系即受到破坏和制约。平衡关系破坏后，核桃树会在变化了的条件下逐渐建立起新的平衡。但是，地上和地下部的平衡关系并不都是有利于及时结果和丰产。对这些情况，修剪中均应区别对待：如对干旱和瘠薄土壤中的果树，应加强土壤改良，在充分供应氮肥和适量供应磷、钾肥的前提下，适当少疏枝和多短截，以利于枝叶的生长；对土壤深厚、肥水条件好的果树，则应在适量供应肥水的前提下，通过缓放、疏花疏果等措施，促使其及时结果和保持稳定的产量。又如衰老树，树上细、弱、短枝多，粗壮旺枝少，且地下的根系也很弱，对这类树更新修剪，如只顾地上部的更新修剪，没有足够的肥水供应，地上部的光合产物不能增加，地下的根系发育也就得不到改善，反过来又影响了地上部的更新复壮的效果，新的平衡就建立不起来，树势就很难得到恢复。

6.修剪反应 修剪反应是核桃树修剪后的最直接表现，不同种类、品种核桃树对修剪反应不同，即使是同一个品种，用同一种修剪方法处理不同部位的枝条，其反应的性质、强度也会表现出很大的差异，树体自身记录着修剪的反应和结果。因此，修剪反应就成为合理修剪的最现实的依据，也是检验修剪质量好坏的重要标志。只有熟悉并掌握了修剪反应的规律，才能做到合理地整形修剪。观察修剪反应，不仅要看局部表现，即剪口或锯口下枝条的生长、成花和结果情况，还要观察全树的总体表现。修剪过重，树势易旺；修剪轻，树势又易衰弱，这说明修剪反应敏感性强。反之，修剪轻重的反应虽然有差别，但反应差别却不明显，这说明修剪反应不敏感。修剪反应敏感的树种和品种，修剪要适度，以疏枝、缓放为主，适当短截。修剪反应敏感性弱的树种和品种，修剪程度比较容易把握。修剪反应的敏感性还与气候条件、树龄、树势、栽培管理水平有关。西北高原及丘陵山区，昼夜温差大，修剪反应敏感性弱；土壤肥沃、肥水充足的地区反应敏感性强；土壤瘠薄、肥水不足的地区反应敏感性弱。幼树的修剪反应敏感性强，随着树龄的增大，修剪反应逐渐减弱。

第二节　修剪常用工具及相关术语

一、常用工具

目前，果树整形修剪常采用的工具大致可分为剪刀类、锯类、刀类、登高设备、保护伤口用具等五大类。

1.剪刀类　整形修剪采用的剪刀有短柄的修枝剪（图5–1）和高空修枝剪（图5–2），为防止剪刀中间的螺丝松动，使用时不要剪截过粗的枝条。目前市场上出现了电动修枝剪（图5–3、图5–4）。

剪截枝条时，一般左手拿枝，右手持剪，剪刀的方向与弯倒枝条的方向一致，两手用力配合恰当。剪枝时，一定要将剪口剪得与枝条平齐，不能留桩，这是剪枝的要点，如果剪口不平，留茬或留桩，不但不利于剪口愈合，还会引起干腐病的发生。

2.锯类　修剪锯主要用来锯修枝剪难以剪短的枝条，枝条较细时可用手锯直接锯掉（图5–5）。较大较粗的枝条就要使用电动修剪锯来疏除（图5–6）。锯除大枝时，先从下往上锯一道伤口，再自上往下锯，然后用修剪刀削平伤口。大枝锯剪后的伤口不宜太大，更不能

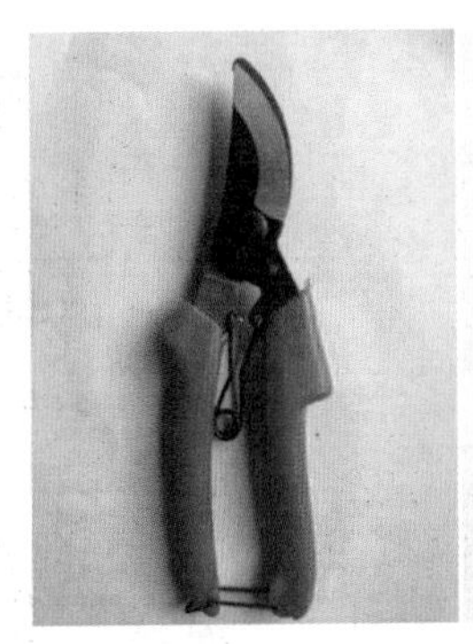

图 5-1　修枝剪

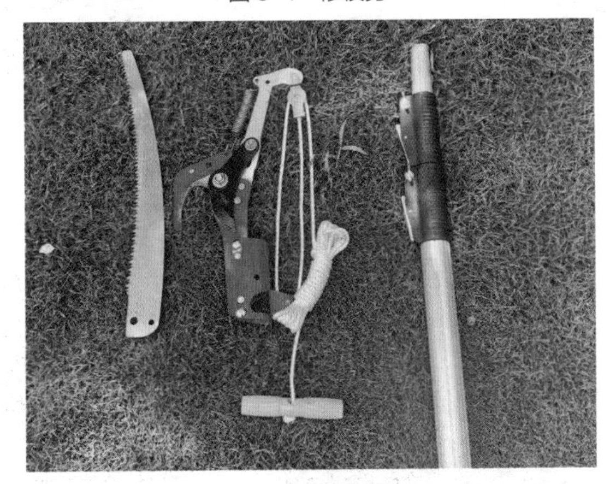

图 5-2　高空修枝剪

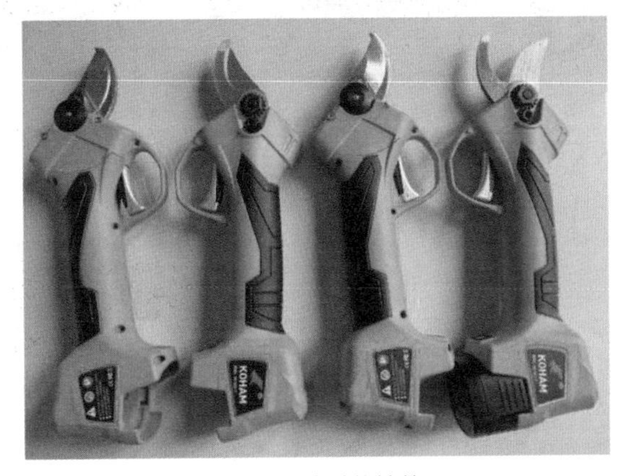

图 5-3　电动修枝剪

图 5-4　电动高空修枝剪

图 5-5　手锯

图 5-6　电动锯

留残茬。锯除大枝时，为避免撕裂树枝，影响树体生长，用锯时用力要均匀一致，呈直线前后拉，不摇摆歪斜，以免夹锯拉不动或损坏锯子。

3.刀类　修剪刀主要用来削平伤口。尤其是将大枝锯断后，要用修剪刀将粗糙的伤口削至平滑，便于愈合。

4.登高设备　修剪部分高枝，常需要借助登高设备，常用的有高凳、两腿或四腿高梯等。

5.保护伤口用具　保护剂和小刷是专门为涂抹伤口配备的，一般用来保护伤口的保护剂有白漆、松香清油、黄泥等。

二、相关术语

（1）骨干枝：组成树体骨架的永久性大枝。

（2）辅养枝：骨干枝以外的临时性较大枝条。

（3）延长枝：指果树中心主枝、主枝、侧枝等先端继续延长的发育枝。

（4）徒长枝：生长势过于旺盛、发育不充实的生长枝，长达50厘米以上，节间较长，顶芽不能形成花芽。

（5）结果枝：直接着生花或花序并能开花结果的枝条。

（6）营养枝：不着生花芽的枝条，其作用是扩大树冠、制造营养、转化为结果枝。

（7）结果母枝：指能在第2年春季抽生结果枝的枝条。

（8）结果枝组：由2个以上结果枝和营养枝组成。

（9）二次枝：指落叶果树新梢上的芽因树种特性在适宜的条件下或者受外界环境影响，当年再次萌发出新枝。

（10）伤流：是指核桃树受外伤后从伤口处流出的富含营养的透明液体，伤流期一般在秋季落叶后的11月开始至翌年3月下旬休眠期止。

第三节　核桃树花、芽、枝条及叶的生长特性

一、花的生长特性

1.雄花　雄花芽一般在5月中旬开始出现，圆形，非常小，鳞片不明显，5月下旬逐渐膨大伸长呈圆柱形，长6~7毫米，粗4毫米左右，呈比较明显的鳞片状，为绿色。10月底落叶后，会变成暗褐色或绿褐色，随之进入休眠期。第二年4月中下旬，当气温稳定在每日平均8.5 ℃以上时，开始萌动膨大，从基部开始向上由暗褐色变成绿色，以后继续伸长成为雄花序。雄花序为柔荑花序（图5-7），花序平均长8 ~ 12厘米。每花序有雄花100 ~ 180朵。每朵小花有雄蕊12 ~ 26枚，花药2室，每室有花粉900粒，这样计算起来每个雄花序约有花粉180万粒。早实核桃有时出现二次雄花序，对树体生长和坐果不利。

2.雌花　雌花芽的芽体肥大，芽顶圆钝，多呈圆球形和扁圆形，是一种由鳞片紧包的被芽（图5-8）。雌花芽多着生在一年生结果母枝

图 5-7　核桃雄花序

图 5-8　核桃花芽

的顶端及其下1～3节上，一般为单生，也有双芽复生。早果品种上侧生雌花芽较多，一般2～5个，多者可达10个以上。雌花芽多在粗壮的枝条上形成，由饱满的中间芽转化而来，呈总状花序（图5–9），柱头2裂，成熟时反卷，常有黏液分泌物。

春季混合芽萌发后，结果枝伸长生长，在其顶端出现带有羽状柱头和子房的幼小雌花，5～8天后子房逐渐膨大，柱头开始向两侧张开；此后，经4～5天，柱头向两侧呈倒“八”字形开张，柱头上部有不规则突起，并分泌出较多、具有光泽的黏状物，称为盛花期（图5–10）。此期接受花粉能力最强，是人工授粉的最佳时期。4～5天以后，柱头分泌物开始干涸，柱头反卷，称为末花期，此时授粉效果较差。盛花期的长短，与气候条件有着密切的关系。大风、干旱、高温天气，盛花期缩短，潮湿、低温天气可延长盛花期。但雌花开花期温度过低，常使雌花受害而早期脱落，造成减产。有些早实核桃品种有二次开花现象。

3.雌雄异熟　核桃为雌雄同株异花植物，在同一株树上雌花与雄花的开花和散粉时间常常不能相遇，称为雌雄异熟。在核桃生产中有3种表现类型：雌花先于雄花开放，称为雌先型（图5–11）；雄花先于雌花开放，称为雄先型；雌雄同时开放，称为同熟型。一般雌先型和雄先型较为常见。为利于授粉和坐果，核桃栽培和生产中，应配置授粉品种。

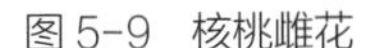

图5–9　核桃雌花

图5–10　最佳授粉期

图 5-11　雌雄异熟——雌先型

二、芽的生长特性

根据核桃芽的性质、形态、构造和发育特点，可分为混合芽、叶芽、雄花芽和潜伏芽4种类型（图5-12）。

1.混合芽　混合芽又叫混合花芽或雌花芽，萌发后可抽生结果枝、叶片和雌花。晚实核桃多在结果枝顶端及其以下1～2个芽，单生或与叶芽、雄花芽上下重叠着生于复叶的叶腋处。早实核桃除顶芽着生混合芽外，以下3～5个叶腋间，均可着生混合芽。混合芽体呈半圆形，饱满肥大，覆有5～7个鳞片。

2.叶芽　叶芽着生在营养枝的顶端及以下叶腋间，叶芽萌发后只长枝条和叶片。晚实核桃叶芽数量较多，早实核桃较少。同一枝上的叶芽由下向上逐渐增大。着生在发育枝顶端的叶芽较大，呈阔三角形；着生于叶腋间的芽体小，呈半圆形。

3.雄花芽　雄花芽为裸芽，呈圆形，实为短缩的雄花序。多着生在一年生枝的中部或中下部，单生或双雄芽上下叠生，或与混合芽叠生。经膨大伸长后形成柔荑状雄花序，开花后脱落。

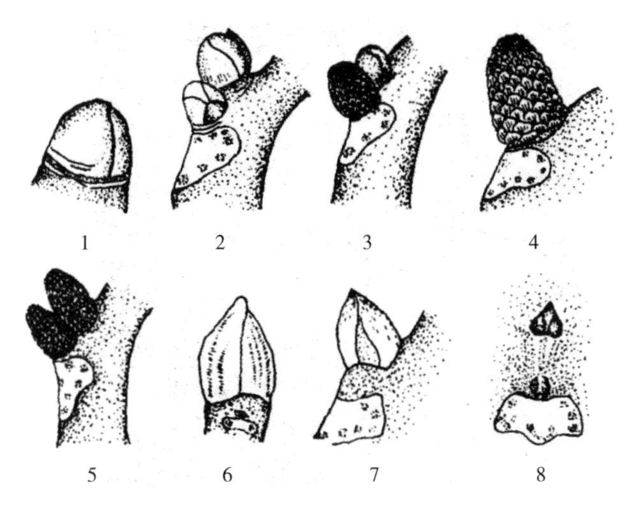

1. 雌花芽　2. 双雌花芽　3.1 雌 1 雄　4. 雄花芽
5. 双雄花芽　6. 顶叶芽　7. 腋叶芽　8. 休眠芽
图 5-12　核桃芽的种类

4.潜伏芽　潜伏芽又叫休眠芽。从性质上属于叶芽，扁圆瘦小，通常着生于枝条下部和基部，在正常情况下不萌发。随着枝条的停止生长和枝龄的增加及粗生长，芽体脱落而芽原基埋伏于树皮下。潜伏芽寿命可达数十年或百年以上。当树体受到刺激时，潜伏芽可萌发枝条，有利于枝干的更新复壮。

三、枝条的生长特性

核桃的枝条按其作用可分为结果枝、结果母枝、雄花枝和发育枝四种类型。

1.结果枝　由结果母枝上的混合芽萌发而成，顶端着生雌花结果的枝条称为结果枝。健壮的结果枝顶端可再抽生短枝，多数当年亦可形成混合芽。早实核桃还可当年形成当年萌发，当年开花结果，称为二次花和二次果（图5-13）。按结果枝的长度可分为长果枝（>20厘米）、中果枝（10～20厘米）和短果枝（<10厘米）（图5-14、图5-15）。结果枝长短与品种、树龄、树势、立地条件和栽培措施有

图 5-13　二次花和二次果

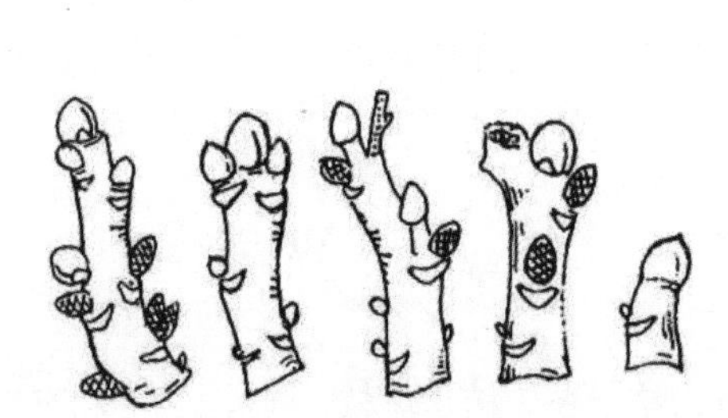

图 5-14　早实核桃短结果母枝

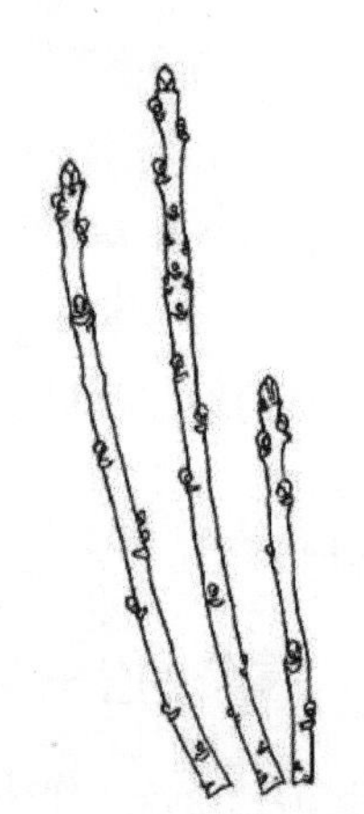

图 5-15　长结果母枝

关。结果枝上着生混合芽、叶芽（营养芽）、休眠芽和雄花芽，但有时缺少叶芽或雄花芽。

2.结果母枝　凡着生有混合芽，第2年能抽生结果枝的枝条叫结果母枝（图5-16）。主要由当年生长健壮的营养枝和结果枝转化形成，顶端及其下2～3芽为混合芽。结果母枝上一般着生混合芽、叶芽、休眠芽和雄花芽，但有时缺少叶芽或雄花芽。结果母枝的结果力强弱以及连续结果能力主要取决于结果母枝的健壮与否，同时也与结果母枝的长短及早晚结实特性有关。幼龄树、生长势强的树及晚实类核桃树长、中结果母枝多，大龄树、生长衰弱树及早实类核桃树中、短结果母枝多。

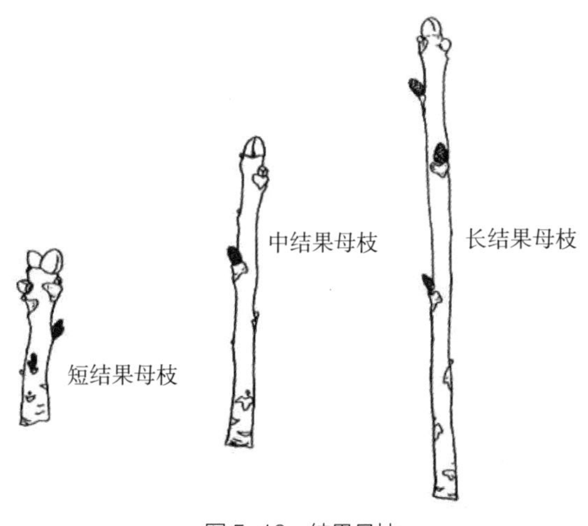

图 5-16 结果母枝

3.雄花枝 是指除顶端着生叶芽外，其他各节均着生雄花芽而较为细弱短小的枝条（图5-17）。雄花枝顶芽不易分化混合芽。雄花序脱落后，除保留顶叶芽外，全枝光秃，故又称光秃枝。雄花枝多在衰弱树、成龄或老龄树及树冠内郁闭的树上形成。雄花枝多是树势衰弱和品种不良的表现，修剪时多应疏除。

图 5-17 雄花枝

4.发育枝 春季萌芽后只长枝叶不结果的枝条叫发育枝，如果能分化出混合芽来就是结果母枝（图5-18）。

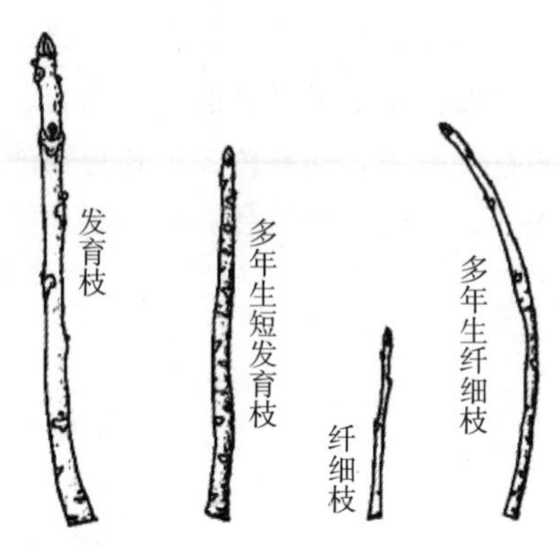

图 5-18　核桃各类发育枝

四、叶的生长特性

1.叶的形态　核桃叶片为奇数羽状复叶（图5-19），复叶的数量与树龄大小、枝条类型有关。复叶的多少对枝条和果实的生长发育影响很大。据报道，着生双果的结果枝，需要有5～6个以上的正常复叶才能维持枝条、果实及花芽的正常发育和连续结果能力，低于4个复叶，不仅不利于混合花芽的形成，而且会造成果实发育不良。

图 5-19　核桃叶片

2.叶的发育　混合芽或营养芽开裂后数天，可见到着生灰色茸毛的复叶原始体，经5天左右，随着新枝的出现和伸长，复叶逐渐展开，再经10～15天，复叶大部分展开，由下向上迅速生长，经40天左右，随着新枝形成和封顶，复叶长大成形，10月底左右叶片变黄脱落，气温较低的地区，落叶较早。

第四节　核桃修剪技术及反应

整形修剪是核桃丰产栽培的一项重要措施，是以核桃生长发育规律、品种生物学特点为依据，与当地生态条件和其他综合农业技术协调配合的技术措施。合理的整形修剪，可以形成良好的树体结构，培养丰产树形，调整好生长与结果的关系，从而达到早结果、多结果及连年丰产的目的。主要修剪技术及其反应如下。

1.短截　短截是指将枝条进行剪短，留下一部分枝条进行生长，主要适用于1年生枝。短截对当年生长的枝条有局部刺激作用，可促使其抽生新梢，第2年会长出更多的新枝，以保证树势健壮和正常结果。通过短截，改变了剪口芽的顶端优势，剪口部位新梢生长旺盛，促进分枝，提高成枝力。短截还可分为轻短截、中短截、重短截和极重短截（图5-20）。轻短截是轻剪枝条的顶梢，即剪去枝条全长的1/5～1/4。该修剪方法可在去除枝条顶梢后，刺激枝条下部多数半饱满芽的萌发，分散枝条养分，使第2年果树的枝条能产生更多中短枝，易形成花芽。中短截是剪到枝条中部或中上部饱满芽处，也就是剪掉枝条长度的1/3～1/2。对骨干枝进行

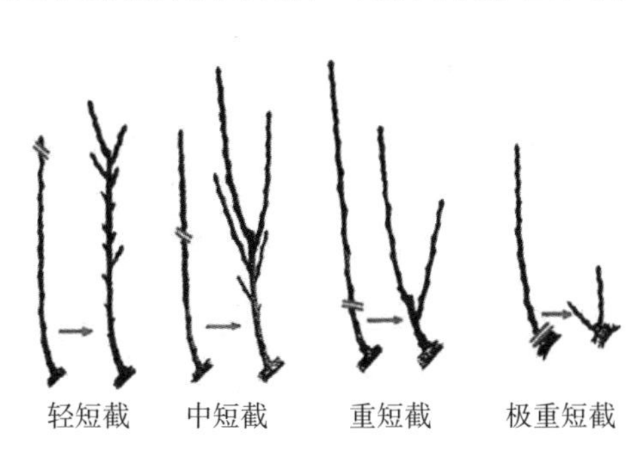

图5-20　短截方式及反应

中短截，剪后萌发的顶端枝条长势强，一般可抽生3～5个中长枝，所以中短截常用于培养更多的结果枝。重短截是截去一年生枝条长度的2/3。剪后萌发枝条较强壮，一般用于主、侧枝延长枝修剪。极重短截是截去一年生枝条长度的4/5以上。剪后萌发枝条中庸偏壮，常用于光秃部位将发育枝和徒长枝培养为结果枝组。

短截时可利用剪口芽的异质性调节新梢的生长势，生产上应因枝势、品种及芽的质量而综合考虑。在生长健壮的树上，对一年生枝短截，从局部看是促进了新梢生长（图5–21）。从全树总体上看却是削弱了树体，连年进行短截修剪的树，从总体上看树冠小于同等条件下生长的甩放树。

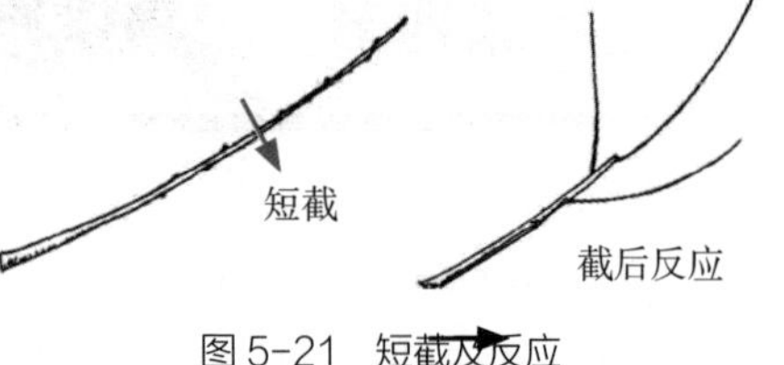

图 5–21　短截及反应

短截的剪口角度及留芽位置与以后发枝角度、成枝状况有一定关系，下剪前应予以考虑，不能忽视。每短截一个枝条，在下剪时一定要认清剪口芽的方向位置。背下芽可开张角度，侧芽可改变延伸方向，背上芽可减小角度（图5–22）。剪口芽的方向一定要留在枝条生长发展的方向，否则越剪越乱。

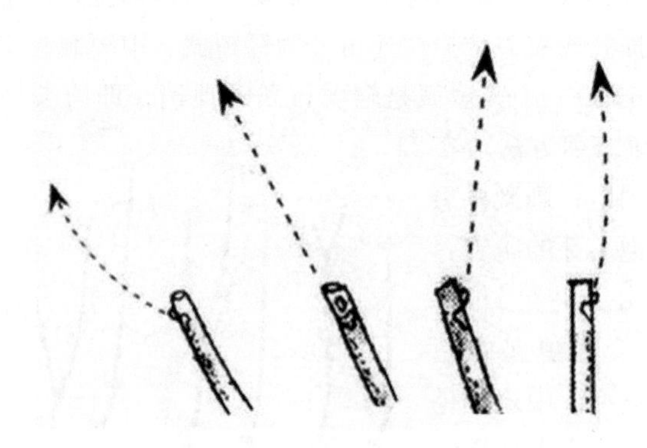

图 5–22　倾斜枝和直立枝剪口芽的方向

水平枝生长缓和，利于结果。若此枝生长健壮，为维持其生长势，常留下芽剪（弱枝时则易形成下垂枝）；如想改变其方向，可将剪口芽留在发展一侧，新梢即向一侧伸展。水平枝若趋于衰弱，为使其转弱为强，就要留上芽，使新梢抬头，增强生长势（图5–23）。

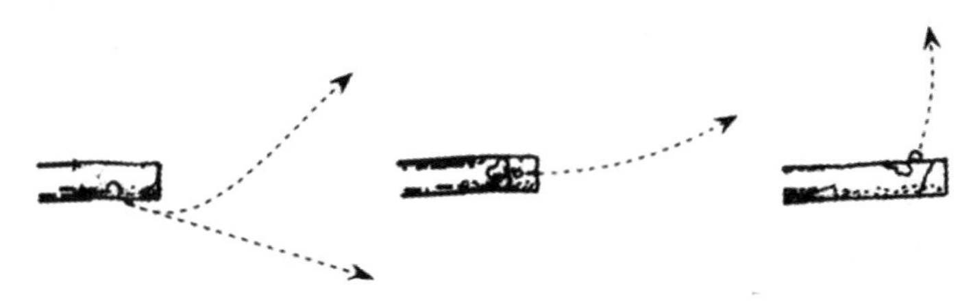

图 5-23　水平枝剪口芽方向与发芽态

短截时，剪口的形状及距剪口芽的远近对剪口芽的影响很大，要格外注意。如剪口离芽太近而伤害了剪口芽，剪口芽不会发芽，则下边的芽抽出的枝条与原计划的方向相反，扰乱了树体。剪口离芽太远时，就会留下干桩。以剪口离芽1厘米为好。干死的残桩还会招致病虫害，有的即使未影响剪口枝的生长，但残桩的危害还会存在（图5–24）。

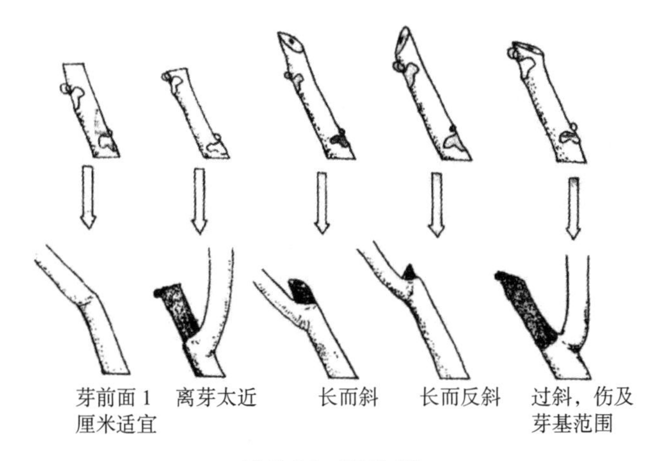

图 5-24　剪口与芽

短截的反应因枝条生长势、枝龄及短截的部位不同而异。当年生强壮的枝条，短截后可在剪口下发1～3个较长枝条，而中庸枝及弱枝短截后仅萌发细小的弱枝，组织不充实，越冬常因抽条而枯死。在二年生以上枝条的年界轮痕上部留5～10厘米剪截，可促使枝条基部潜伏芽萌发新枝，轮痕以上可发3～5个新梢，轮痕以下可发1～2个新梢（图5-25）。

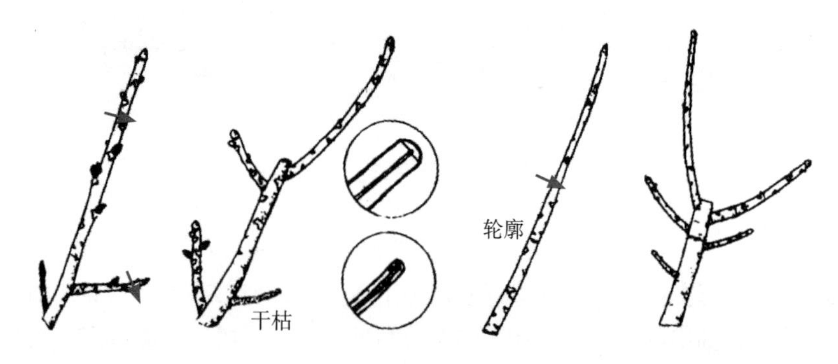

图 5-25　不同枝条短截的反应

2.回缩　也称缩剪，是指剪掉二年生枝条或多年生枝条的一部分。核桃进入盛果期后，骨干枝、较大的结果枝组都有可能出现后部光秃或衰弱的现象，要通过修剪进行适当的回缩更新。回缩的作用因回缩的部位不同而不同：一是复壮作用，二是抑制作用。回缩常用于控制树冠和多年生枝换头，改变发枝部位，改变枝条延伸方向以及老树更新。回缩的手法与短截一样，但回缩会减少全树的总生长量，削弱树势，缩剪越重，削弱也越严重。

回缩技术是衰弱枝组复壮和衰老植株更新修剪必用的技术。回缩时，把衰弱部位剪去，刺激植株萌发强旺新梢；而且回缩时留下的枝组后半部由于营养条件及光照条件改善，生长也由弱转强（图5-26、图5-27）。

3.疏枝　把枝条从基部剪除叫疏枝，也叫疏剪。病虫枝、干枯枝、无用的徒长枝、过密的交叉枝和重叠枝等通常是主要的疏除对象。疏枝可改善树冠通风透光条件，提高叶片的光合效能，增加养分

图 5-26　多年生枝回缩不易冒条　　图 5-27　回缩下垂枝

积累。总体来看，多疏枝有削弱树势、控制生长的作用。因此，对生长过旺的骨干枝可以多疏枝，对弱骨干枝不疏枝或少疏枝；幼树宜轻疏枝；进入结果期以后，在不影响产量的前提下，多进行中度疏枝；进入衰老期，短果枝增多，应多疏除果枝，促进营养生长，维持树势平衡。

树体在疏剪后，对伤口以上枝条生长有削弱作用，对伤口以下枝条有促进作用（图5-28）。这是因为伤口干裂之后，阻碍了营养向上运输的缘故。

图 5-28　疏剪后伤口对上、下枝条生长的影响　　图 5-29　疏除主干上影响树形的旺枝

疏除的对象主要是干枯枝、病虫枝、交叉枝、重叠枝、过密枝及雄花枝等（图5-29 ~ 图5-31）。

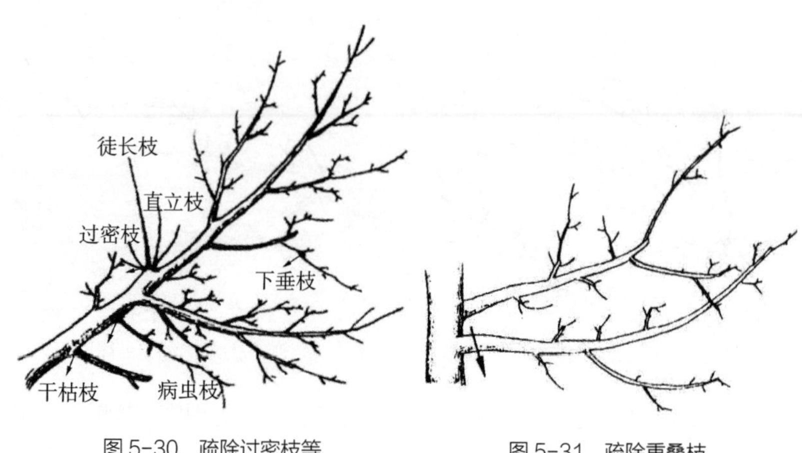

图 5-30　疏除过密枝等

图 5-31　疏除重叠枝

4.缓放　对一年生枝条不做任何短截，任其自然生长称为缓放。通过缓放使枝条生长势缓和，停止生长早，有利于营养积累和花芽分化，同时可促发短枝。生长势较壮的水平枝不剪缓放后，当年可在枝条顶部萌生数条生长势中庸的枝（图5-32）。生长势较弱的枝条缓放后，第2年延长生长后可形成花芽。缓放主要用于平生枝、斜生枝，效果较好。但不适用于直立枝和旺长枝，因为直立枝和旺长枝缓放后枝条会变粗，继续向上生长，挡风挡光，影响其他枝条的生长。幼树、旺树常以缓放来缓和树势，促进早结果。弱树不宜多用缓放。

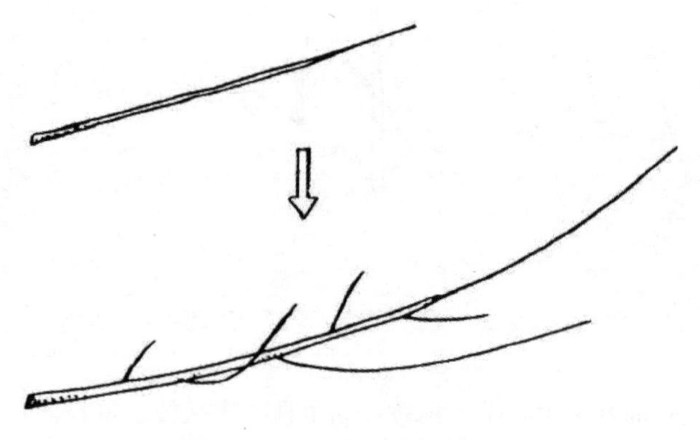

图 5-32　水平壮枝缓放效果

在结果枝组培养中，对生长势强旺的发育枝和生长势中庸的徒长枝，第1年进行缓放，任其自然生长，第2年根据需要在适当的分枝处进行回缩短截，就可培养成良好的结果枝组（图5–33）。

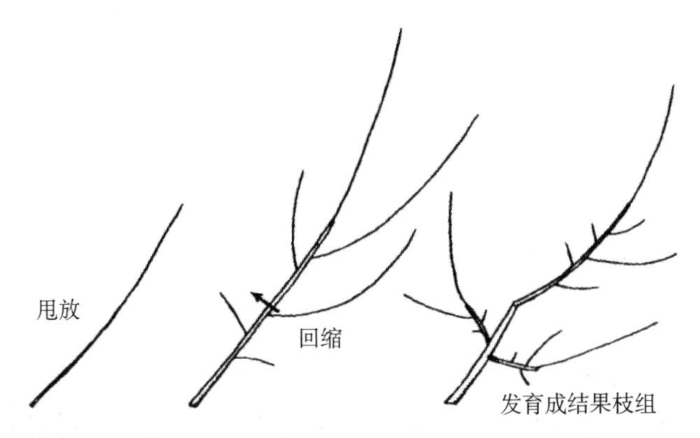

图 5–33　先放后缩

5.拉枝和撑枝　拉枝就是改变枝条的角度和生长方向，可以使树木原来的顶端优势转位，减少单枝生长量，增加下部短枝，这样既有利于树体的养分积累，又可改善通风透光条件。撑枝的机理同拉枝，撑枝可采用架杆的方式。架杆一是起固定支撑的作用，通过架杆固定枝干，防止被大风刮倒；二是起调整树体结构的作用，通过架干调整枝干的角度，促使果树树冠开张，改善光照条件，促使结果均匀。

通过拉枝、撑枝的方法加大枝条角度，缓和生长势，是幼树整形期间调节各主枝生长势的常用方法（图5–34）。可就地取材，利用草绳、石块、树枝、荆条、塑料袋装土等方法进行（图5–35~图5–38）。

拉枝时应注意，不同树种拉枝角度不同；不要将枝条拉成弓形；不要在枝条上绑紧贴枝干的死结；拉枝后产生的背上枝需要及时处理。

6.扭梢和拧梢　扭梢就是对较直的枝条进行扭曲，当新梢处于半木质化时，将新梢自基部扭转180°，即扭伤木质部和韧皮部，使之伤而不折断，呈扭曲状态（图5–39）。操作时注意将徒长枝的生长方向扭转为由上向下，扭时力度要适度，不要折断树枝。扭梢可以控制徒

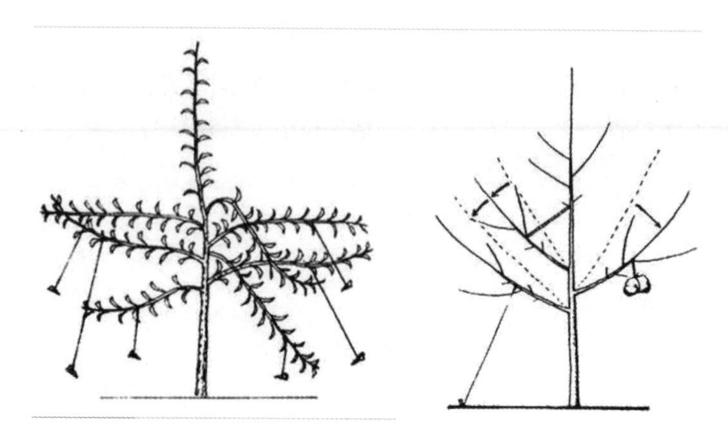

图 5-34　拉枝与撑枝

图 5-35　用荆条拉枝

图 5-36　用草绳拉枝

图 5-37　用树枝、木棍支撑

图 5-38　用塑料袋装土坠枝

长枝的生长方向，改善树冠内的光照条件。

拧梢是在新梢半木质化时，将新梢基部拧动扭伤（图5-40）。二者均能阻碍养分的运输，缓和生长，提高萌芽率，促进中、短枝的形成和花芽分化。

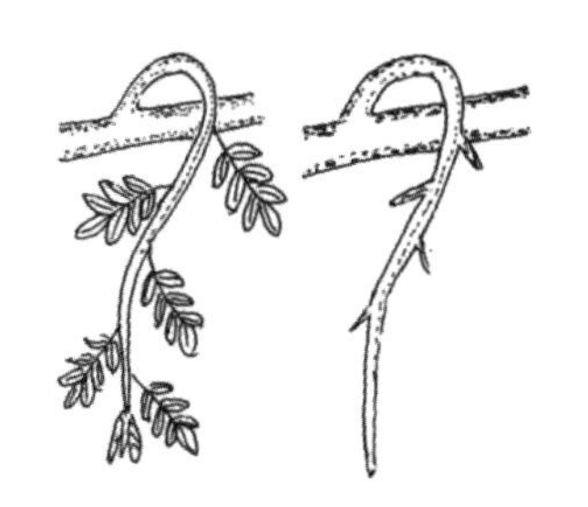

图 5-39　扭梢

图 5-40　拧梢

7.摘心　摘心即打顶，是在新梢旺长时摘除顶端的嫩尖部分，其目的是防止枝条盲目生长，促进发副梢、增加分枝。对幼树主侧枝延长枝摘心可消除顶端优势，促生分枝，加速整形进程（图5-41）。对内膛直立枝摘心可促生平斜枝，缓和生长势，早结果。常用于幼树整形修剪。

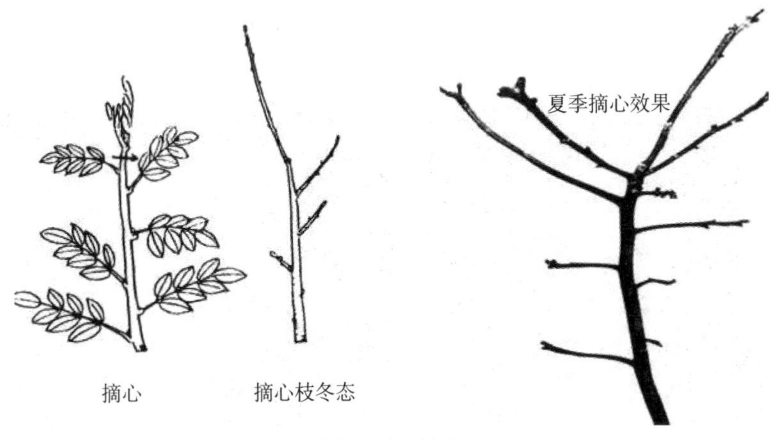

图 5-41　摘心

控制旺枝生长一般需摘心1～3次，第一次摘心在5月底至6月上旬，待新梢长到80～100厘米时进行。只摘掉嫩尖，待摘心后的枝条又长出新的二次枝后，将新长的二次枝留1～2个叶片，进行第2次摘心；以此类推，既可抑制秋梢生长，又能促进侧芽成花。

8.刻芽 就是在芽上部2～5毫米处，用工具切断皮层筛管至木质部稍微用力伤及木质部，截断营养向上部传输，刀口应为枝条周长的1/3~1/2大小，刻芽能够促进萌发力、成枝力，促发中、短枝，主要适用于幼树整形（图5-42）。刻芽能起到定向定位培养骨干枝的作用，还能增补缺枝，纠正偏冠，调节枝条的生长。刻芽多在早春3月上旬进行，刻芽时需要注意，不刻弱树、弱枝，也不可连续刻；刻芽的工具要专用，并经常消毒；在春季多风、气候干燥地区，尽量保证刻伤口背风向，防止发生腐烂病。

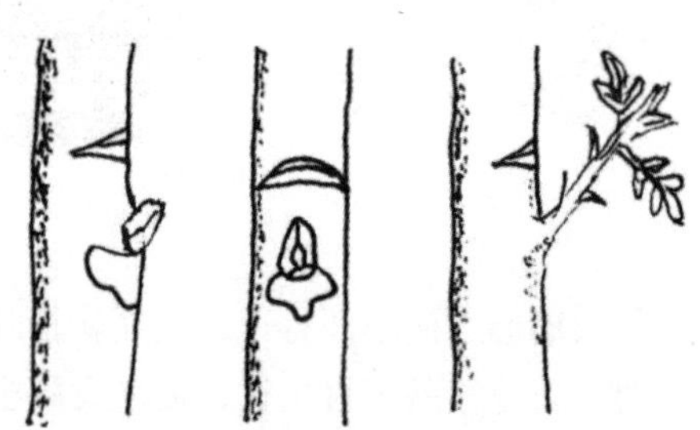

图5-42　刻芽

9.环割与环剥 在枝条上每隔一段距离，用刀或剪环切一周或数周并深达木质部，称环割（图5-43）。而将枝干韧皮部进行环状剥皮，简称环剥（图5-44）。二者作用都是抑制营养生长，促进花芽分

图5-43　环割

图5-44　环剥

化和提高坐果率。环割或环剥处理不可滥用，否则会影响树体的生长发育。主干处理主要是针对生长过旺、不结果的树；大枝处理主要是针对辅养枝或临时枝，对骨干枝一般不进行环剥；小枝处理主要是针对旺长枝，尤其是背上直立旺枝。

适宜环剥的时间一般在5月下旬至9月上旬，可根据剥皮的目的，确定最佳时间。要促进花芽形成，可适当早剥皮，可选择在5月下旬至6月下旬；想提高果实品质，最好是在7月中旬至8月中旬。具体操作时，要选择在晴天施行环剥，确保在环剥3天后不会下雨，这样才能留出足够的时间“晾伤口”。环剥操作时，要先确定好剥皮的部位，选择在辅养枝或者旺枝上，不宜选择在主干和中心干上，否则容易造成全树衰弱。接下来在剥皮部位的上端和下端进行环割，再撬起、撕下中间部分。环剥的宽度要控制在环剥直径的1/10，剥口过宽，伤口不易愈合，过窄则达不到效果。深度要刻到木质部表面，但不能破坏附着在木质部表面的黏液，即形成层细胞，否则可能不会形成新皮。在剥皮后要立即将剥口包严扎紧，防止害虫和病菌侵入。注意在环剥口不要涂抹药剂，以免影响伤口愈合。并且在剥皮后3～5天内，不能喷波尔多液、石硫合剂等药物，否则会伤害裸露的细嫩组织。

环剥后还要进行适当的管理，可以适当追加肥水，促进伤口愈合。如果在伤口以下部位萌发新芽，还得及时抹除，以减少营养的消耗，并适量疏果，防止树势减弱。

第五节　核桃树整形修剪时期及要点

一、修剪的时期

1.春季修剪

（1）刻芽：在春季发芽前，根据整形要求，在需要发枝部位的芽的上方进行刻伤，深达木质部，可刺激芽萌发抽枝；在枝的上方刻伤，可刺激枝条转旺。

（2）抹芽：春季萌芽后，主干、中心干或主枝上疏除大枝的部位，往往萌发出大量新芽，这些新芽大多是以后不能利用的，对这类不能利用的新芽，都应在萌芽期全部从基部抹除。特别是对于新栽植的幼树，要及时抹除砧木上萌发的无用芽。

2.夏季修剪

（1）摘心：幼树期新梢生长量特别大，为了促进枝条尽快分枝，应对新梢进行摘心。当新梢生长到40厘米左右时，去掉嫩尖，使其促发2～4个分枝，这样可以加强整形效果。为有利于主枝和结果枝组的培养，摘心一般在5～6月进行。

（2）疏剪：为避免二次枝旺盛生长过早造成郁闭，在二次枝抽生后未木质化之前，应及时将无用的二次枝、背后枝疏除。

3.秋季修剪　在秋季果实采收后至树叶变黄之前进行，此时树体无伤流，适用于调整树体结构，主要是修剪大枝，疏除过密枝、遮光枝和背下枝，回缩下垂枝。疏除大枝时注意留1～2厘米短桩，可刺激潜伏芽萌发，以培养临时性结果枝组，充分利用空间。

4.冬季修剪　核桃树冬季修剪时期与其他果树有所不同。由于核桃特殊生理特性，如果修剪时期不当，则会由剪口引起“伤流”，使养分流失，造成树势衰弱，甚至枝条上半截枯死。因此，在冬季修剪时要尽量避开伤流期。

核桃树冬季修剪又叫休眠期修剪，休眠期是指后秋落叶时至来年春季发芽前，但春剪树液已缓慢向梢部流动，剪后会造成营养损失，故核桃树冬季修剪的“黄金时期”定为寒露至立冬。如果修剪过早，会剪掉树上好多绿色叶片，影响营养物质积累，减少树体冬藏养分储存量。如果修剪过晚，过了立冬节气，剪口就会出现伤流现象。因此，寒露至立冬这个时期修剪对核桃树影响最小，既不浪费养分，剪后又不会出现伤流现象。冬季修剪口诀是：“控制强势头、回缩长母枝，剪前去秋枝、剪后花带头，枝组宜更新、去弱留强枝，冬剪不留头、来年不缺头。”

长期以来，核桃树的修剪多在春季萌芽后（春剪）和采收后至落叶前（秋剪）进行，目的是避免伤流造成养分与水分的大量流失，影响树体生长发育。近年来，大量的试验结果表明，核桃冬季修剪不仅对生长和结果没有不良影响，而且在新梢生长量、坐果率、树体主要营养水平等方面都优于春、秋季修剪。因此，休眠期是核桃修剪较合理的时期，是改变传统的春、秋季修剪，实现核桃丰产、稳产切实可行的生产措施。在提倡核桃休眠期修剪的同时，应尽可能延期进行，根据实际工作量，以萌芽前结束修剪工作为宜。

二、修剪顺序

先除去无用枝，再调整中心枝，分清骨干枝，最后剪小枝。大型枝就是十二个枝条以上的分枝，寿命长、长势强，枝量多。中型枝是复生长在大型枝上的，寿命较长的枝条，是核桃树的主要结果单位，同时还应分清营养枝和徒长枝、结果枝和结果母枝、雄花枝。

三、不同树龄的修剪特点

（一）幼树整形修剪

核桃在幼树阶段生长很快，如任其自由发展，则不易形成良好的丰产树形结构，尤其是早实核桃，因其分枝力强，结果早，易抽发二次枝，造成树形紊乱，不利于正常的生长与结果。因此，合理地进行整形和修剪，对保证幼树健壮成长，促进早果丰产和稳产具有重要的意义。

整形主要是做好定干和培养树形工作。定干：早实核桃，树体较小，主干可矮些，干高可留0.8～1.2米，在定植当年发芽后，应抹除定干高度以下的所有侧芽。晚实核桃，树体高大，主干可适当高些，干高可留1.5～2米，春季萌芽后，在定干高度的上方选留1个壮芽或健壮的枝条作为第一主枝，并将以下枝、芽全部剪除。山地核桃因土壤薄，肥力差，干高以1～1.2米为宜。在生产实践中，应根据品种特点、栽培密度及管理水平等确定合适的树形，做到“因树修剪，随枝造形，有形不死，无形不乱”，切不可过分强调树形。

1.控制二次枝　早实核桃在幼龄阶段抽生二次枝是比较普遍的现

象。由于二次枝抽生晚，生长旺，组织不充实，在北方冬季易发生抽条现象，必须进行控制，其具体方法（图5-45、图5-46）：①若二次枝生长过旺，可在枝条未木质化之前，从基部剪除。②凡在一个结果枝上抽生3个以上的二次枝，可于早期选留1～2个健壮枝，其余全部疏除。③在夏季，对选留的二次枝，如生长过旺，要进行摘心（6月上中旬），控制其向外伸展。④如一个结果枝只抽生1个二次枝，生长势较强，于春季或夏季将其短截，以促发分枝，培养成结果枝组。短截强度以中、轻度为宜。

图5-45　疏除二次枝，留延长枝

疏除2个弱枝留2个壮枝

图5-46　疏弱留壮

2.利用徒长枝　早实核桃由于结果早、果枝率高、花果量大、养分消耗过多，常常造成新枝不能形成混合芽或营养芽，以至于第2年无法抽发新枝，而其基部的潜伏芽会萌发成徒长枝。这种徒长枝第2年就能抽生5～10个结果枝，最多可达30多个，这些结果枝由顶部向基部生长势逐渐减弱，枝条变短，最短的几乎看不到枝条，只能看到雌花。第3年中下部的小枝多干枯脱落，出现光秃带，结果部位向枝顶推移，易造成枝条下垂。所以，必须采取夏季摘心法或短截法（图5-47），促使徒长枝的中下部结果枝生长健壮，达到充分利用粗壮徒长枝培养健壮结果枝组的目的。

3.处理好旺盛营养枝　对生长旺盛的长枝，以不修剪或轻修剪为宜。修剪越轻，总发枝量、果枝量和坐果数就越多，二次枝数量就越少。

图 5-47　短截徒长枝培养结果枝组

4.疏除过密枝和处理好背下枝　早实核桃枝量大，易造成树冠内膛枝多、密度过大，不利于通风透光。对此，应按照去弱留强的原则，及时疏除过密的枝条。其具体方法：贴枝条基部剪除，切不可留橛，以利伤口愈合。

背下枝多着生在母枝先端背下，春季萌发早，生长旺盛，竞争力强，容易使原枝头变弱，而形成"倒拉"现象，甚至造成原枝头枯死。其处理方法：在萌芽后或枝条伸长初期剪除。如果原母枝变弱或分枝角度过小，可利用背上枝或斜上枝代替原枝头，将原枝头剪除或培养成结果枝组（图5-48、图5-49）。如果背下枝生长势中等，并已形成混合芽，则可保留其结果。如果背下枝生长健壮，结果后可在适当分枝处回缩，培养成小型结果枝。

图 5-48　回缩背下枝保持原头　　图 5-49　回缩原头为枝组、背下枝做头

（二）成龄树修剪

此时期核桃树的主要修剪任务是继续培养主、侧枝，充分利用辅养枝早期结果，积极培养结果枝组，尽量扩大结果部位。结果盛期则要调节生长与结果的平衡关系，不断改善冠内的通风透光条件，加强结果枝组的培养与更新。修剪时要根据具体品种、栽培方式和树体本身的生长发育情况灵活运用，做到因树修剪。

1.结果初期树的修剪方法　结果初期是指从开始结果到大量结果前的一段时间。疏除改造直立向上的徒长枝，疏除外围的密集枝及节间长的无效枝，保留充足的有效枝（粗、短、壮枝），夏季采用拿、拉、换头等措施控制强枝向缓势发展，并防止结果部位外移。充分利用一切可以利用的结果枝（包括下垂枝），达到早结果、早丰产的目的。其修剪原则是：

（1）辅养枝修剪：对已影响主、侧枝的辅养枝，可以回缩或逐渐疏除，给主、侧枝让路。但如果缺少侧枝，应尽快通过刻芽或拉枝替补的方法培养侧枝。

（2）徒长枝修剪：可采用留、疏、改相结合的方法进行修剪。早实核桃应当在结果母枝或结果枝组明显衰弱或出现枯枝时，通过回缩使其萌发徒长枝。对萌发的徒长枝可根据空间选留，再经轻度短截，从而形成结果枝组，达到及时更新结果枝组的目的。

（3）二次枝修剪：可用摘心和短截方法，促其形成结果枝组。对过密的二次枝则去弱留强。早实核桃重点是防止结果部位迅速外移，对树冠外围生长旺盛的二次枝进行短截或疏除。

另外，应注意疏除干枯枝、病虫枝、过密枝、重叠枝和细弱枝。

2.盛果期树的修剪　核桃进入盛果期树形已定，骨架建造基本完成，树冠持续扩大和结果部位不断增加，容易出现生长与结果之间的矛盾，有些还会出现郁闭和“大小年”的现象，这一时期保障核桃稳定高产是修剪的主要任务。修剪要点：疏病枝、透阳光，缩外围、促内膛，抬角度、节营养，养枝组、增产量。具体修剪方法为：

（1）主干、主枝及外围枝的修剪：对主干或主枝上旺长的大枝进行疏除或缩剪，去掉顶端优势，防止造成树冠郁闭，内膛空虚，结果部位外移，对主枝延长头根据长度适度短剪。外围枝大部分成结果枝，由于连年分生，常出现密挤、交叉和重叠现象，要适当疏除和适时回缩。

（2）结果枝组的培养与更新：加强结果枝组的培养，扩大结果部位，防止结果部位外移，是保证核桃树盛果期丰产稳产的重要技术措施，特别是晚实核桃。

培养结果枝组在树冠内总体分布是，里大外小，下多上少，使内部不空，外部不密，通风透光良好，枝组间距离为0.6～1米。一般主枝内膛部位，1米左右有一个大型枝组，60厘米左右有一个中型枝组，40厘米左右有一个小型枝组，同时要放、疏、截、缩相结合（图5-50～图5-53），不断调节大小和强弱，保持树冠内通风透光良好，枝组生长健壮、果多。

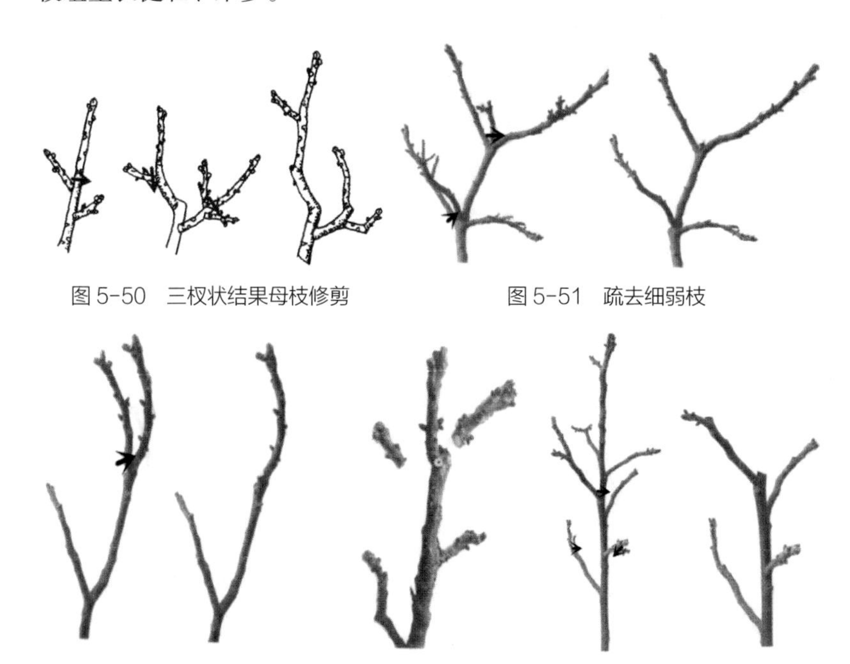

图 5-50　三杈状结果母枝修剪

图 5-51　疏去细弱枝

图 5-52　疏去并生枝

图 5-53　回缩 + 疏枝

（3）辅养枝的利用与修剪：着生在中心干的层间和主枝上侧枝之间的大枝为辅养枝。这些枝条多数是在幼树期为了增加树体有机营养积累，促进幼树早结果、早丰产而保留的临时性枝条。随树龄增大，主侧枝不断延伸，辅养枝妨碍主侧枝生长时，应进行回缩，给主侧枝让路，或逐步去掉。对于分枝较好，长势中等又有空间的，可剪去枝头，将其改造成大、中型枝组，长期保留结果。

（4）徒长枝的利用和修剪：徒长枝大多由内膛骨干枝上的隐芽萌发形成，在生长旺盛的成年树和衰老树上发生较多。处理方法可根据树势及内膛枝条的分布情况而定：①利用徒长枝粗壮、结果早的特点，通过夏季摘心、短截或者春季短截等方法，将其培养成结果枝组，以充实内膛、补充空间，更新衰弱的结果枝组，增加结果部位。②内膛枝条较多，结果枝条生长正常时，应从基部疏除徒长枝。③内膛有空间或其附近结果枝组已衰弱，可将其培养成结果枝组，促成结果枝组及时更新。

（5）下垂枝修剪：不能一次处理下垂枝，要本着三抬一、五抬二的手法（下垂枝连续3年生的可疏去1年生枝，5年生缩至2年生处，留向上枝）。修剪的要点是，及时回缩过弱的骨干枝，回缩部位可在有斜上生长的侧枝前部。按去弱留强的原则，疏除过密的外围枝，对有可利用的外围枝，可适当短截，以改善树冠的通风透光条件，促进保留枝芽的健壮生长。

（6）背下枝的修剪：核桃背下枝多强于原骨干枝，这是核桃区别于其他果树的特征之一，如果不及时处理，使主次颠倒，容易造成原枝头枯死。背下枝的修剪方法是：对早期出现的背下枝要及早从基部疏除。如果背下枝长势强于原枝头，方向角度又合适，可以取代原枝头。方向不理想，开枝角度过大的应疏除。对长势缓和且已形成花芽的，可在结果后进行适当回缩，培养成结果枝组。原枝头已经变弱时，可保留背下枝，将原枝头剪除。

（三）衰老树修剪

核桃树进入衰老期，外围小枝干枯、下垂，同时萌发出大量的徒长枝，出现自然更新现象，产量也显著下降。该期的修剪任务是进行有计划的更新复壮，以恢复和保持其较强的结果能力，延长其经济寿命。

1.疏枝　疏除病虫枝、干枯枝、密集无效枝。

2.回缩　对多年生的衰弱枝进行回缩，促发新枝，培养结果枝组。

3.更新复壮　对树势严重衰弱，产量极低的树要采取全面更新复壮。其具体修剪方法为：

（1）主干更新（大更新）：将主枝全部锯掉，使其重新发枝，并形成主枝。然后从新枝中选留方向合适、生长健壮的枝条2～4个，培养成主枝。

（2）主枝更新（中更新）：在主枝的50～100厘米处进行回缩，使其形成新的侧枝。发枝后，每个主枝上选留方位适宜的2～3个健壮的枝条，培养成一级侧枝。

（3）侧枝更新（小更新）：基本保持原有树体结构，在骨干枝的适当部位进行回缩，促其萌发强壮新枝，复壮树势（图5-54）。

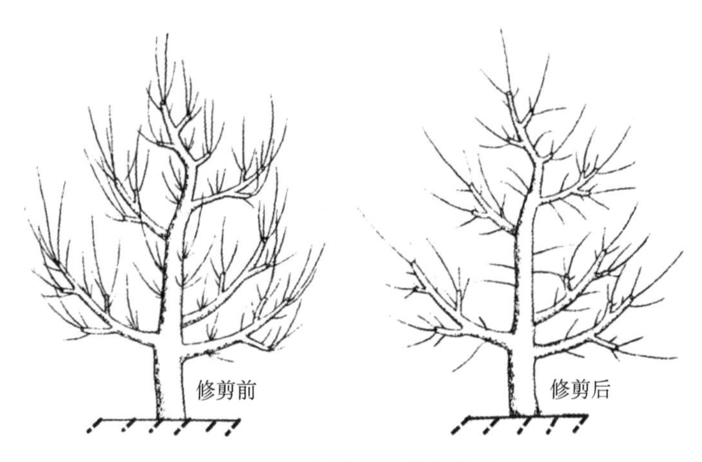

图 5-54　衰老树更新修剪前后

（四）放任树修剪

核桃的放任树是指管理粗放、很少修剪的树，放任生长的树形多种多样，应本着“因树修剪、随枝作形”的原则，根据情况区别对待。目前，放任生长的核桃树在我国仍占相当大的比例。放任树的改造要区分幼树和大树：一部分幼旺树可通过高接换优的方法加以改造。对大部分进入盛果期的核桃大树，在加强地下管理的同时可进行修剪改造，以迅速提高核桃的品质、产量。修剪应当遵循先骨干枝、后结果枝组，先上后下，先外围后内膛的修剪步骤。秋季先缩旺长枝、后疏中型枝，使树冠层次分明，轮廓清楚；春季以短截促枝为主、以缓放控势为辅。中心干明显的树可改造为主干疏层形，中心干已经衰弱或是无明显中心干的可改造为自然开心形。

（1）调整树形：修剪前要对树体进行全面分析，根据树体的生长情况、树龄和大枝分布，确定适宜改造的树形（图5-55～图5-57）和合理的修剪方案，重点疏除影响光照的密集枝、重叠枝、交叉枝、并生枝和病虫枝，然后疏除过多的大枝，利于集中养分，改善通风透光。一般疏散分层形留5～7个主枝，特别是第一层要留好3～4个主枝。自然开心形可留3～5个主枝。为避免因一次疏除大枝过多而影响树势，可对一部分交叉重叠的大枝先进行回缩，分年疏除，对于较旺的壮龄树也应分年疏除大枝，以免引起生长势更旺。大枝疏除后从整体上改善了通风透光条件，为复壮树势、充实内膛创造了条件，造成局部出现着生不当的枝条，显得过于密挤。为了使树冠结构紧凑合理，处理时首先要选留一定数量的侧枝，其余枝条采取疏除和回缩相结合的方法，疏除过密枝、重叠枝、回缩延伸过长的下垂枝，使其抬高角度。对内膛萌发的大量徒长枝，应加以充分利用，经2～3年培养出健壮的结果枝

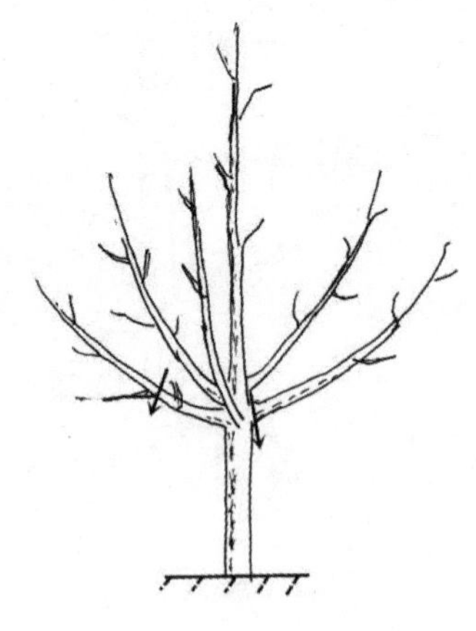

图5-55　轮生枝修剪

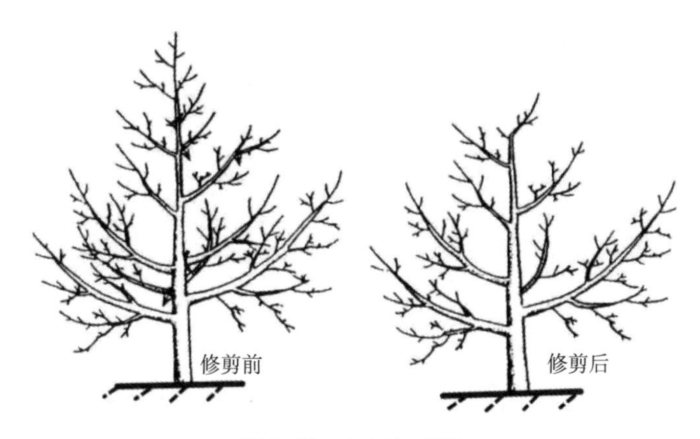

图 5-56　去主枝、落头

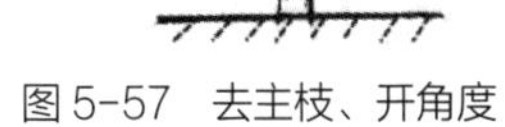

图 5-57　去主枝、开角度

图 5-58　利用徒长枝培养结果枝

组。对于树势较旺的壮龄树应分年疏除大枝，否则长势过旺，会影响产量。在去大枝的同时，对外围枝要适当疏间，以疏外养内，疏前促后，对冗长的细弱枝、下垂枝必须进行适度回缩，抬高角度，增强长势。

（2）结果枝组的培养与调整：经过改造修剪的核桃树，内膛常萌发许多徒长枝，要有选择地加以培养和利用，使其成为健壮的结果枝组。第1年徒长枝长到60 ~ 80厘米时，采取夏季带叶短截的方法，截去1/4 ~ 1/3，或在5 ~ 7个芽处短截，促进分枝，有的当年便可萌发出二次枝，第2年除直立旺长枝，用较弱枝当头缓放，促其成花结果（图5–58、图5–59）。对于生长势很旺、长度在1.2 ~ 1.5米的徒长枝，因其

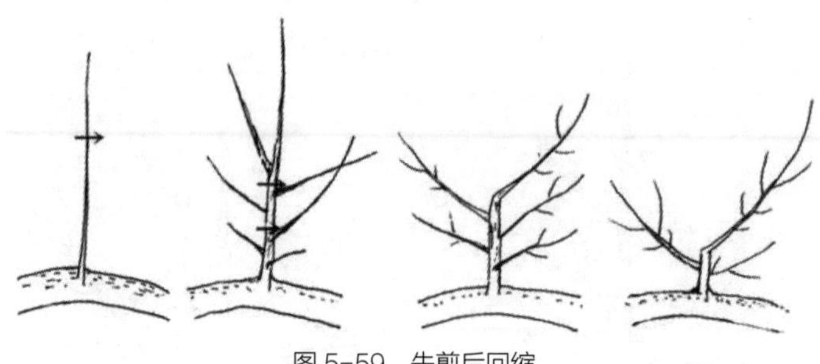

图 5-59　先剪后回缩

生长性极强，难以控制，一般不宜选用。内膛结果枝的配备数量，应根据具体情况而定，一般枝组间距离60～100厘米，做到大、中、小枝组相互间交错排列。树龄较小、生长势强旺的树，尽量少留或不留背上直立枝组，衰弱老树可适当多留一些背上枝组。

经过大、中型枝的疏除和外围枝的调整，通风透光条件得到改善，结果枝组有了复壮的机会，可根据树体结构、空间大小、枝组类型和枝组的生长势来确定结果枝组的调整。对枝组过多的树，要选留生长健壮的枝组，疏除衰弱枝组，有空间时可适当回缩，去掉细弱枝、雄花枝和干枯枝，培养强壮结果枝组。

（3）稳势修剪阶段：树体结构调整后，还应调整母枝与营养枝的比例，约为3：1，对过多的结果母枝可根据空间和生长势进行去弱留强，充分利用空间。在枝组内调整母枝留量的同时，还应有1/3左右交替结果的枝组量，以稳定整个树体生长与结果的平衡。

上述修剪量应根据立地条件、树龄、树势、枝量多少灵活掌握，各大、中、小枝的处理也必须全盘考虑，做到“因树修剪，随枝作形”。核桃放任树的改造修剪一般需3年完成，以后可按常规修剪方法进行。另外，改造修剪必须同加强肥水管理相结合，否则，难以收到良好的效果。

（五）高接核桃树的整形修剪

高接核桃树的整形修剪是促其尽快形成树冠、恢复树势、提高产量的重要措施。高接树由于截去了头或大枝，当年就能抽生3～5个生长量超过60厘米以上的大枝，有的枝长近2米，但这些枝条一般都比较直立，生长较旺，如不加以合理修剪，就会使枝条上的大量侧芽萌发，早实核桃易形成大量枝，结果后下部枝条枯死，难以形成延长枝，使树冠形成缓慢，不能尽快恢复树势，提高产量。

高接整形又不同于幼树整形，因为高接树生长结果会有很多区别，这就要根据实际情况，结合立地和原有的株行距灵活进行合理整形修剪。高接树当年抽生的枝条，在秋末落叶前或第2年春发芽前，对选留做骨干枝的枝条（主枝、侧枝），可在枝条的中、上部饱满芽处短截（选留长度一般不超过60厘米为宜），以减少果枝数量，促进剪口下第一、二个芽抽枝生长。这样经过2~3年，利用砧木庞大的根系能促使枝条旺盛生长的特点，根据高接部位和嫁接头数及品种特性，将高接树培养成有中心干的疏散分层形或开心形树形。一般单头高接的核桃树，宜培养成疏散分层形；田间地头高接和单头高接部位较高的核桃树，宜培养成开心形。

四、结果枝组的培养与修剪

结果枝组是着生在一个母枝上，以结果枝为主并配上适量的发育枝的枝群。结果枝组是树体的基本生产单位，结果枝组的培育是增加产量、稳定树势、延长盛果期年限、防止结果部外移和早衰的重要措施。

（一）结果枝组的类型

依体积划分可分为小型（2~5个枝条）、中型（5~15个枝条）和大型（15个以上枝条）；依着生方位划分可分为背上枝组、侧生枝组和背后枝组。

（二）结果枝组的培养方法

结果枝组的培养必须在幼树整形过程中同时着手进行，只有尽早把结果枝组培养起来才能解决生长与结果的矛盾，实现幼树早期丰产、成龄树稳产的目标。核桃树结果枝组常见培养方法有以下几种。

1.先缓放，后回缩 一般是长势中等的中庸枝、斜生枝条、直立壮枝等不短截，缓放出短果枝后，留3～5个短果枝回缩（图5-60）。此法在萌芽率高、短枝多的品种上使用效果最好。

2.先轻剪，后回缩 一年生营养枝（壮枝）轻剪缓放，使下部形成短枝结果，同时剪掉上部旺枝（图5-61）。此法用在成枝力高的品种上最好。

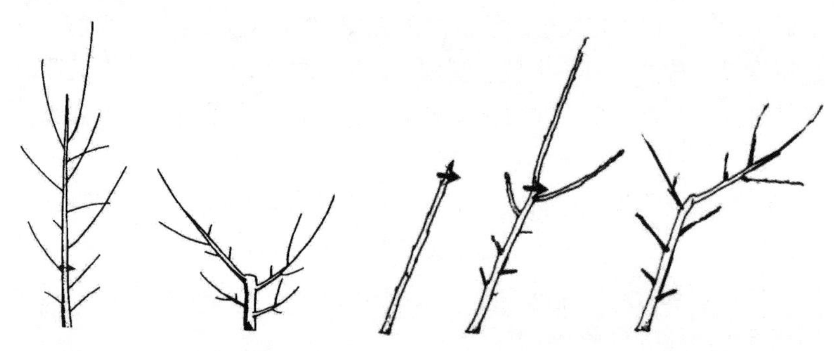

图5-60 先缓放，后回缩

图5-61 先轻剪，后回缩

3.先中剪，后缓截（图5-62）

（1）对于中庸枝中剪后，促发2～3个枝条，对强旺枝条“戴帽”剪控制生长势，可增加枝条数量，培养中型结果枝组。

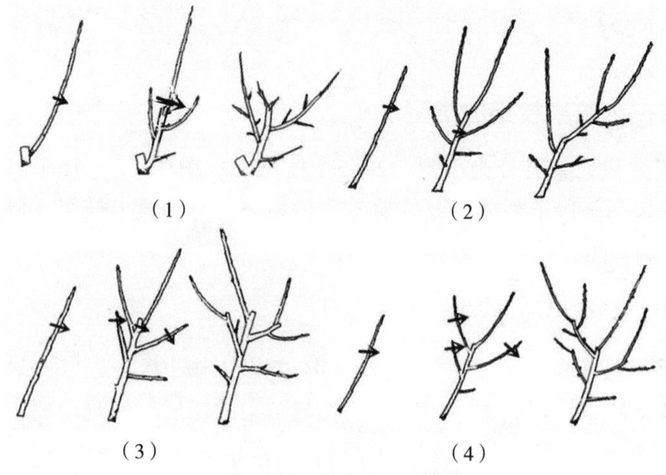

图5-62 先中剪，后缓截

（2）发枝后挖心去掉强旺枝，留下中、短枝形成枝组，即“去强留弱”，加大分枝角度，第2年轻剪缓放形成中等枝组，多用在萌芽率较低的品种上。

（3）对较直立的中壮枝，有较大空间时可以培养中型枝组。

（4）中剪后第2年去强留弱，去直留平，回缩到较平斜的弱枝处。对中弱枝中剪后，第2年发出的枝条再根据生长情况有截有放，促进成花，培养中型结果枝组。

4.先重剪，后疏缓截 倾斜生长的发育枝或母枝较弱的发育枝，留枝条基部4个瘪芽重剪，发枝后挖心，去直留平，留下角度大的中壮枝不剪或轻剪（图5-63）。

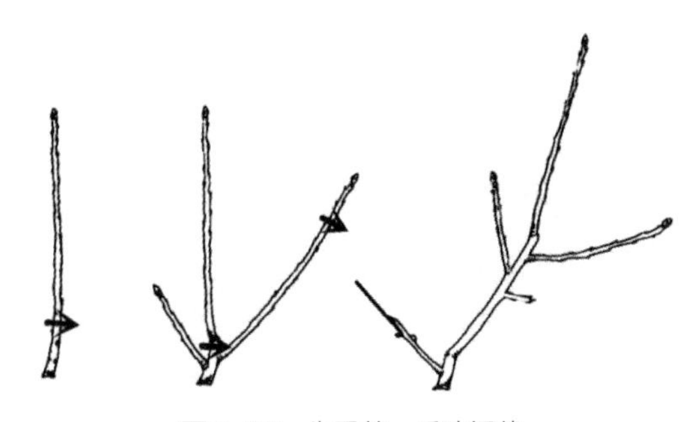

图 5-63 先重剪，后疏缓截

5.连年短截 连续多年短截能使枝条得到较多的分枝，然后再缓放，多用于培养大型结果枝组（图5-64）。对萌芽率低、成枝力弱的品种较为适宜。

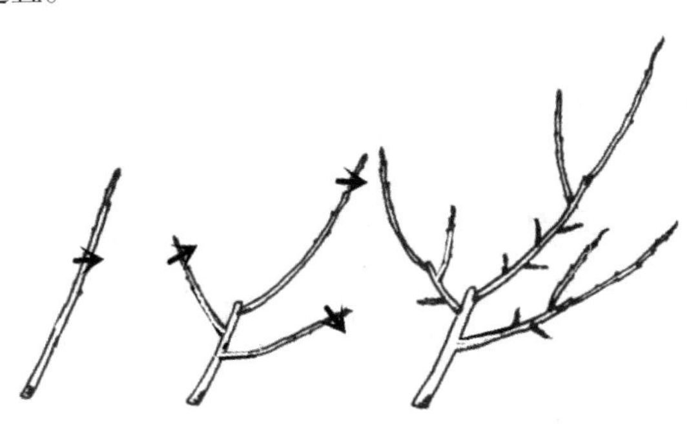

图 5-64 连年短截

6.刻伤生枝 对于一些“光腿”的多年生大枝中下部的空缺处，采用环割、环剥等方法刺激隐芽萌发，待发枝后再培养成结果枝组（图5-65）。

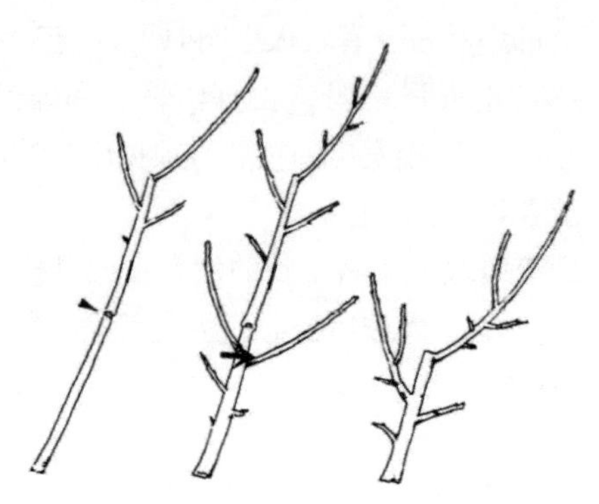

图 5-65 刻伤生枝培养结果枝组

（三）结果枝组的配置

枝组的配置取决于骨干枝的不同位置和树冠中空间的大小。在一般情况下，小冠树形难以培养大型枝组，主要配以中小型结果枝组；大冠树形可配备大、中型结果枝组；幼树或长势较强的树，应不留或少留背上直立枝组；枯老树或弱树应适当多留些背上直立枝组。从枝组数量上看，要求树冠上部少、下部多，下层主枝多、上层主枝少；骨干枝背上少、两侧多；主侧枝前部少、中后部多。枝组间距保持0.6～1米。从枝组定位上看，要求树冠外围以小型枝组为主、中部及内膛以中型枝组为主；骨干枝背上以小型枝组为主、骨干枝两侧及背后以中型枝组为主；主侧枝前部以小型枝组为主、中后部以中型枝组为主。

（四）结果枝组的修剪

结果枝组形成后，每年都应不同程度地短截部分中长结果母枝，控制留果量，防止大小年现象的出现。修剪要根据组内枝条的具体情况（空间、长势、发展方向等），综合运用疏、剪、缓、缩等各种方法，维持结果枝组的生长和结果能力，对结果枝组充分利用和及时更新。

1.密生枝组的修剪　当枝组之间相互密挤时，如水平并生、交叉、重叠枝组，要疏除密挤部位的枝条，留有生长空间的枝条，或者用撑棍将两个枝组撑开一定距离，或者去一留一（图5-66、图5-67）。

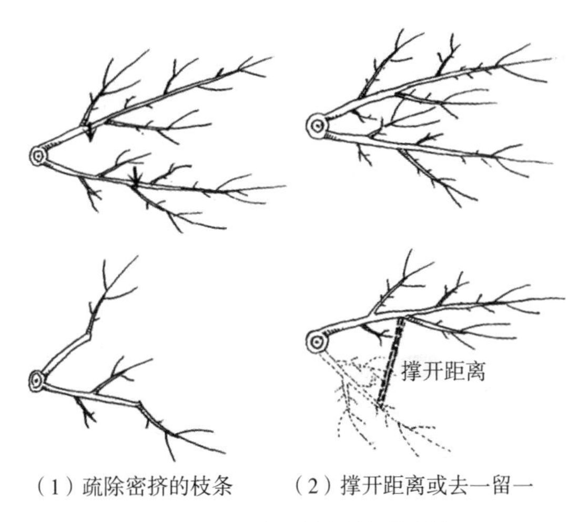

（1）疏除密挤的枝条　　（2）撑开距离或去一留一

图 5-66　水平并生枝组的修剪

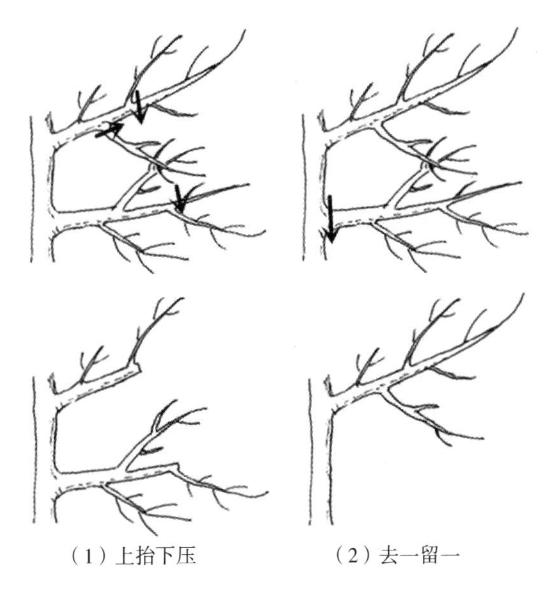

（1）上抬下压　　（2）去一留一

图 5-67　重叠并生枝组的修剪

2.强弱枝组的修剪 对生长势强的枝组修剪时要去直留平、去旺留壮，缓和枝势；对生长势弱的枝组要去平留直、去弱留强，增强枝势（图5-68～图5-70）。

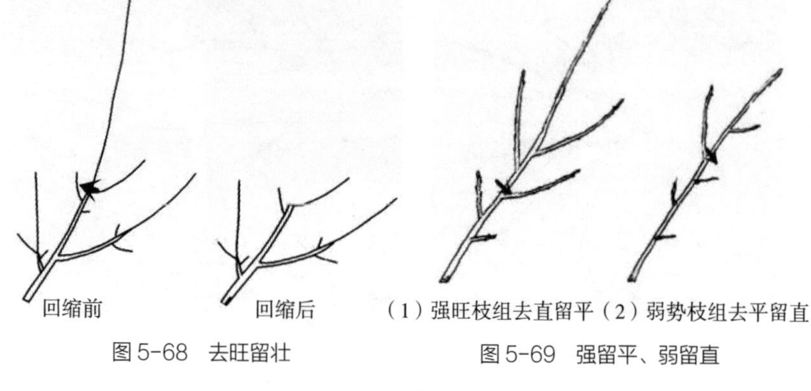

图 5-68　去旺留壮

图 5-69　强留平、弱留直

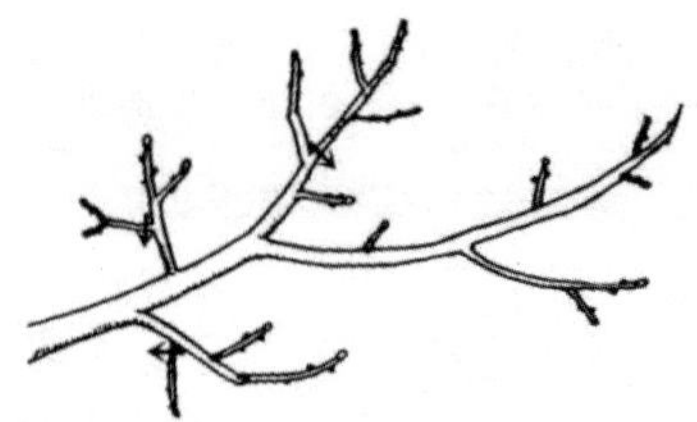

图 5-70　弱枝组去弱留强

3.多年生直立枝组的修剪 修剪时要根据情况逐年疏枝回缩，开张角度，缓和生长势（图5-71、图5-72）。

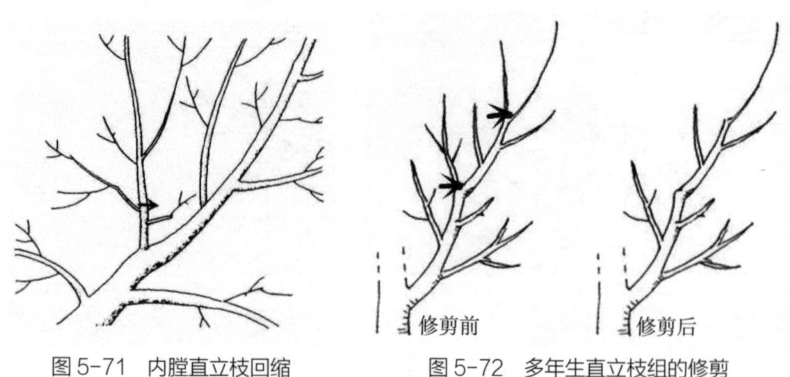

图 5-71　内膛直立枝回缩

图 5-72　多年生直立枝组的修剪

4.结果枝组的改造　在逐年生长的过程中，要根据生长空间的大小对结果枝组进行大小、长短的调整改造（图5–73、图5–74）。

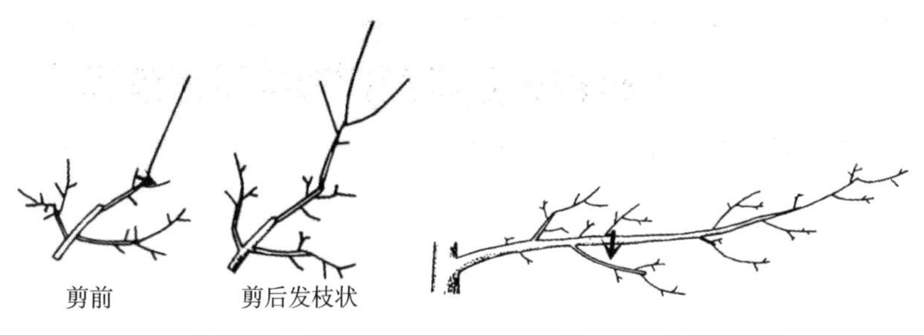

图 5-73　短枝组促延长　　图 5-74　长枝组回缩

5.结果枝组更新复壮　随着枝组龄的增加，长势衰弱，结果能力下降，需及时更新复壮。其修剪方法主要是回缩和短截。大枝更新时，多采用重回缩后发出新枝，然后再培养结果枝组（图5–75、图5–76）。

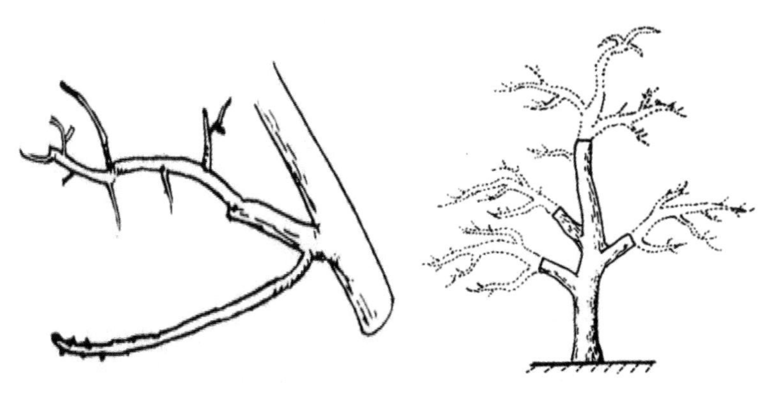

图 5-75　侧方枝组更新　　图 5-76　主枝更新

第六节 核桃主要丰产树形与整形过程

核桃树与其他果树一样，只有培养出良好的树形和牢固骨架，才能获得较高的产量。为便于管理，根据核桃生物特性，目前我国核桃树主要的丰产树形有主干疏层形、开心形和纺锤形3种（图5-77），在实际应用中其特点和整形过程差别较大，前两种树形均属于稀植大冠栽培，密植园最好的树形为纺锤形。

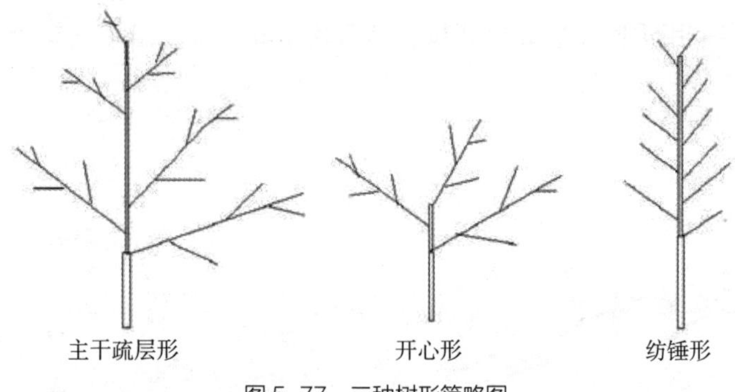

图5-77 三种树形简略图

一、主干疏层形

主干疏层形也称主干分层形，该树形具有明显的中心干，主枝分层，一般有6～7个主枝，分2～3层螺旋形着生在中心干上，形成半圆形或圆锥形树冠（图5-78）。其特点是：树冠半圆形，通风透光良好，主枝和主干结合牢固，枝条多，结果部位多，负载量大，产量高，寿命长。但盛果期后，容易造成树冠易郁闭，内膛易光秃，产量下降。该树形宜于土壤深厚肥沃、管理水平高的条件下及干性强的品种采用。其整形过程如下。

（1）将主干上直立向上的强壮枝作为中心领导枝加以培养，一般分为3层，第1层有主枝3个，第2层有主枝2个，第3层有主枝1～2个，选留主枝要注意部位和角度，各层主枝的长势要求相对强壮和大体一致。定植当年或翌年，在定干高度以上选留3个不同方位（水平夹角约120°）、且生长健壮的枝条或已萌发的壮芽，培养成第1层主枝，枝基角不小于60°，腰角70°～80°，梢角60°～70°，层内2个主枝间的距离不小于20厘米，避免轮生，以防主枝长粗后对中央干形成"卡脖"现象，当第1层预选为主枝的枝或芽确定后，只保留中央领导干延长枝的顶枝或芽，其余枝、芽全部剪除或抹掉。有的树生长势差，发枝少，可分2年培养。

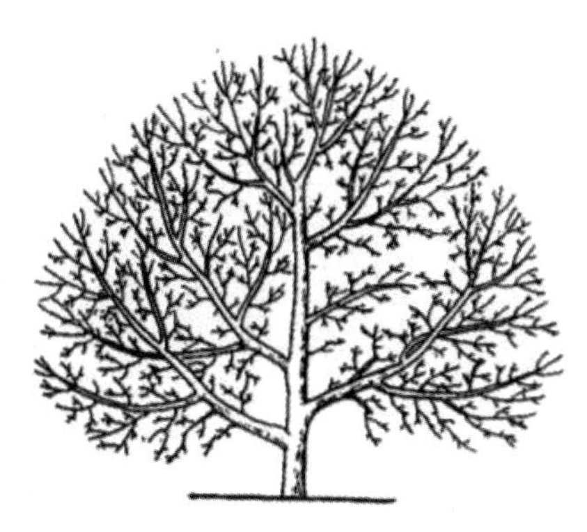

图5-78　主干疏层形

（2）当晚实核桃5～6年生、早实核桃4～5年生已出现壮枝时，开始选留第2层主枝，一般选留1～2个，同时在第1层主枝上的合适位置选留2～3个侧枝。第1个侧枝距主枝基部的距离为：晚实核桃60～80厘米，早实核桃40～50厘米。如果只留第2层主枝，第1层和第2层之间的间距要加大，即晚实核桃2米左右，早实核桃1.5米左右。因为核桃树喜光性强，且树冠高大，枝叶茂密，容易造成树冠郁闭，所以要增加层间距。

（3）晚实核桃6～7年生、早实核桃5～6年生时，继续培养第1层主、侧枝和选留第2层主枝上的1～2个侧枝。

（4）晚实和早实核桃7～8年生时，选留第3层主枝1～2个。第3层与第2层主枝的间距：晚实核桃2米左右，早实核桃1.5米左右，并从最上的主枝的上方落头开心。各层主枝要上下错开，插空选留以免相互重叠。各级侧枝应交错排列，可充分利用空间，避免侧枝并生拥挤。侧枝与主枝的水平夹角以45°～50°为宜，侧枝着生位置以背斜侧为好，切忌留背后枝（图5-79~图5-81）。

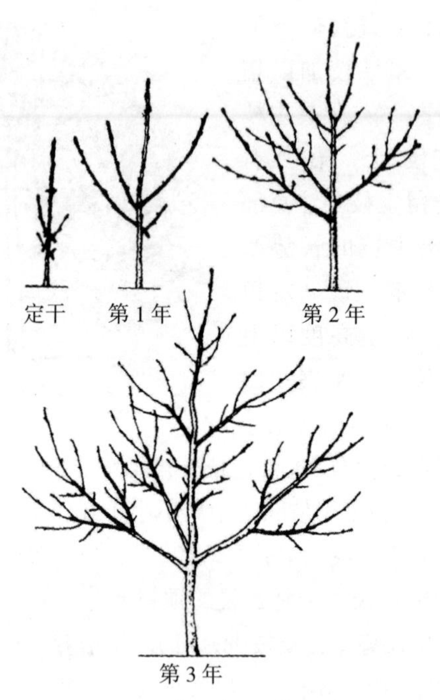

图 5-79　主干疏层形整形过程

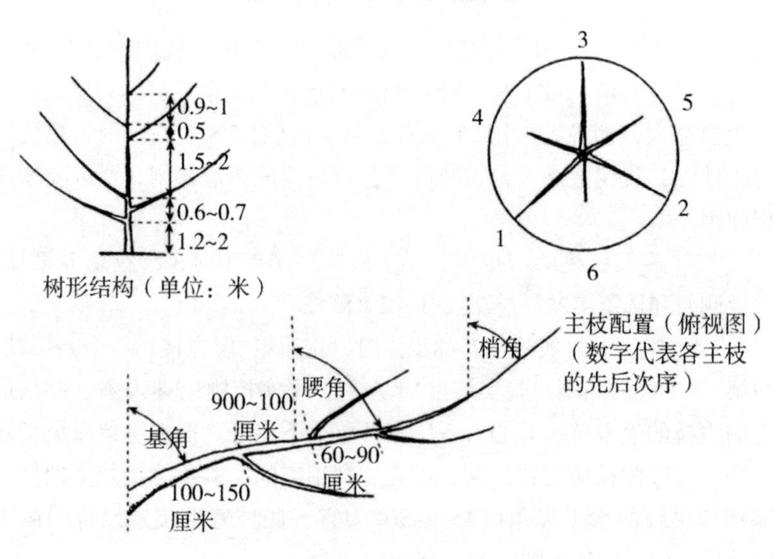

图 5-80　主干疏层形主枝布局与适宜角度

图 5-81　疏散分层形实物树形

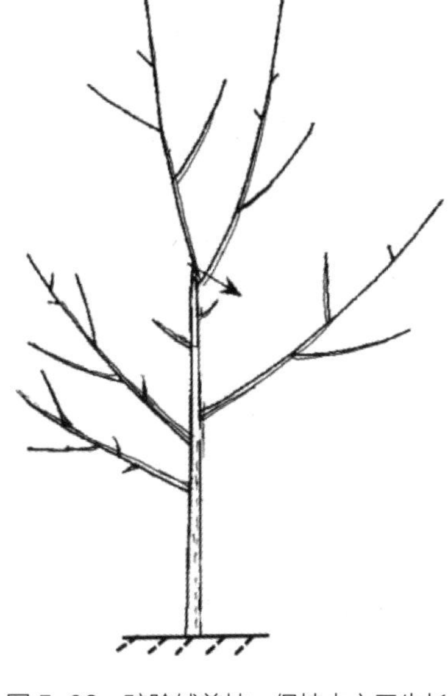

图 5-82　疏除辅养枝，保持中心干生长

各骨干枝生长势的调整：主、侧枝是树体的骨架，叫骨干枝，整形过程中要保证骨架坚固，协调主从关系。定植4～5年后，树形结构已初步固定，但树冠的骨架还未形成，每年应剪截各级枝的延长枝，促使分枝。7～8年后，主、侧枝已初步选出，整形工作大体完成。在此之前，要注意调整各级枝的从属关系和平衡长势，应保持中心干和各主枝延长枝的生长优势。过强的应加大基角，或疏除过旺侧枝，特别是控制竞争枝。中心干较弱时可在中心干上多留辅养枝，生长势弱的骨干枝可扶起角度，通过调整，使树体各级主、侧枝长势均衡；辅养枝过旺时要进行疏除，以免影响中心干的生长（图5-82）。

二、开心形

开心形也称自然开心形，该树形无中心干，一般有2～4个主枝。主枝着生于主干上，不分层，各主枝间的垂直角度可小于疏散分层形（图5-83）。干高因品种和栽培管理条件不同而不同，在肥沃的土壤条件下，干性较强或直立型品种，干高为0.8～1.2米，早期密植丰产园，干高多为0.4～1米。其特点是成形快，结果早，各级骨干枝安排较灵活，整形容易，便于掌握。幼树树形较直立，进入结果期后逐渐开张，通风透光好，易管理。该树形适于土层较薄，土质较差，肥水条件不良地区和树姿开张的品种。根据主枝的多少，开心形可分为两大主枝、三大主枝和多主枝开心形，其中以三大主枝较常见，三大主枝自然开心形的三大主枝同时着生在主干上，整形中一定要注意调整各主枝的长势，尽量达到均衡生长。又依开张角度的大小可分为多干形、挺身形和开心形。其整形过程如下：

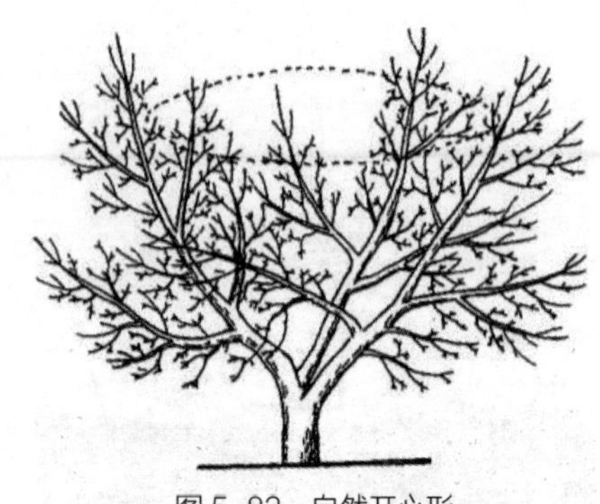

图 5-83　自然开心形

（1）晚实核桃3～4年生，早实核桃3年生时，在定干高度以上按不同方位留出2～4个枝条或已萌发的壮芽作主枝。各主枝基部的垂直距离一般20～40厘米，主枝可1次或2次选留，各相邻主枝间的水平距离（或夹角）应一致或很相近，且生长势要一致。

（2）主枝选定后，要选留一级侧枝。每个主枝可留3个左右侧枝，上下、左右要错开，分布要均匀。第1侧枝距离主干的距离：晚实核桃0.8～1米；早实核桃0.6米左右。

（3）一级侧枝选定后，在较大的开心形树体中，可再在其上选留二级侧枝。第1主枝一级侧枝上的二级侧枝数1～2个，其上再培养结果枝组，这样可以增加结果部位，使树体丰满；第2主枝的一级侧枝数2～3个。第2主枝上的侧枝与第1主枝上的侧枝间距：晚实核桃1～1.5米，早实核桃0.8米左右。至此，开心形的树冠骨架已基本形成。该树形要特别注意调节各主枝间的平衡（图5-84～图5-87）。

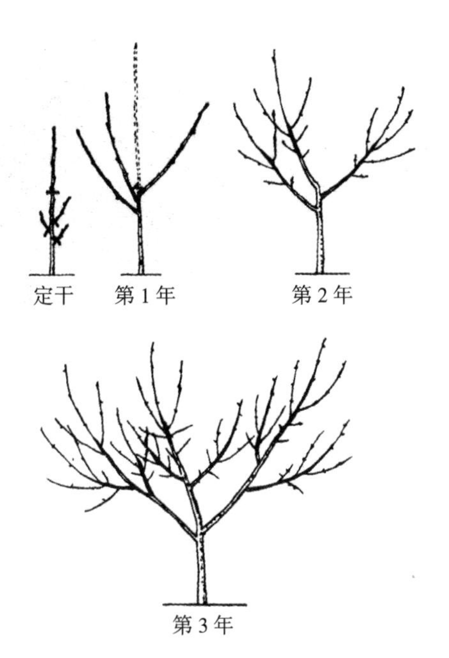

图 5-84　开心形整形过程

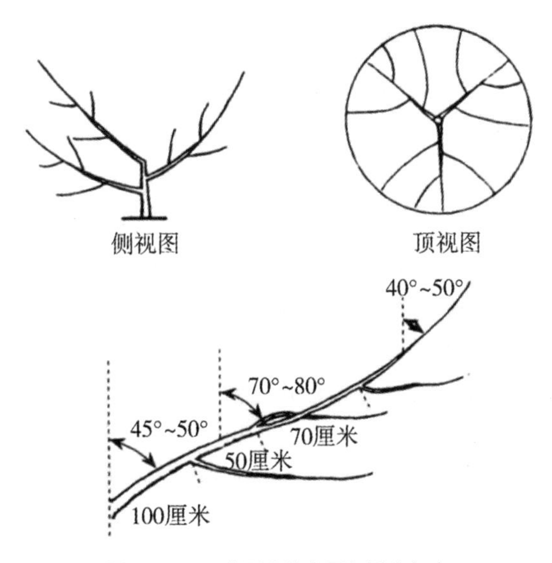

图 5-85　开心形主枝布局与适宜角度

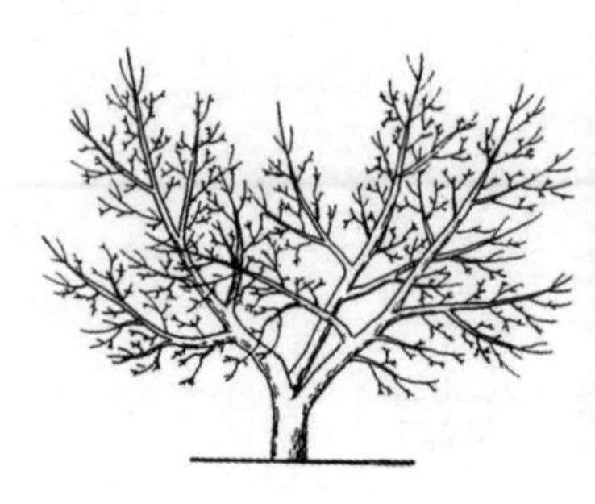

图 5-86　开心形结果树幼形示意图

图 5-87　开心形结果幼树

三、纺锤形

该树形有中心干，一般有8~12个主枝，在中心干上每隔30厘米左右留1个主枝，呈螺旋式上升排列，角度80°~90°主枝上直接培养结果枝组或小型侧枝。下层主枝大于上层枝，树冠下大上小，像座尖塔。树高3~3.5米，冠径2.5米左右，其特点是结构简单，修剪量较少，易于缓和树势，有利于早结果，养分运输路线短。

整形过程：定干高度早实品种0.8~1米，晚实品种1~1.2米。剪口下20~40厘米做整形带，保证整形带内发出6~8个枝条，选剪口附近的枝条作中心干，其余选择3~5个枝条按15~20厘米错落着生于中心干上，角度为72°、90°、120°。7月下旬开始拉枝开张角度，控制枝条旺长。主枝角度一定要拉至80°~90°，并根据树体大小，来调整主枝和中心干的角度，树体越小，夹角越大，剩下的枝条在夏、秋季修剪时疏除。第3年萌芽前，中心干留60厘米短截，剪口下第1、2芽萌发的直立、长势旺的新梢作中心干培养。其他分枝选留3~4个枝条作骨干枝培养，其他枝条疏除。重点工作是生长季5~8月拉枝开解，控制主干枝腰角和梢角，防止主枝返旺。同时还要注意及时疏除剪口的萌蘖和多余的枝条，及时开角。第4、5年处理同第3年，但注意疏除过密枝、病虫枝，调整主干枝的枝量和枝头角度，平衡主干枝的大小，选留好主干枝（图5-88~图5-90）。

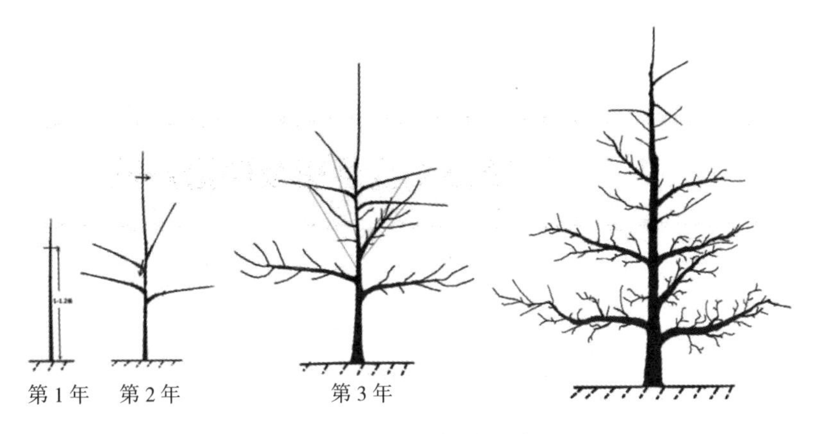

图 5-88　纺锤形树形整形过程

图 5-89　纺锤形树体冬态

图 5-90　纺锤形结果树

附录 A 核桃主要害虫及防治方法

核桃害虫防治方法一览表

害虫种类	防治时间	防治方法
核桃举肢蛾（*Atrijuglans hetaohei* Yang）	1）土壤结冻前； 2）6 月中旬至 7 月中旬成虫产卵盛期； 3）7 月上旬幼虫开始脱果前	1）土壤结冻前清除树冠下的枯枝落叶和杂草，刮掉树干基部的老皮，集中烧毁，并对树下土壤进行耕翻，可消灭部分越冬幼虫。 2）成虫进入产卵盛期开始每隔 10 ~ 15 天喷 1 次 10% 的顺式氯氰菊酯乳油 1 500 ~ 2 500 倍液、2.5% 的敌杀死 3 000 ~ 4 000 倍液、50% 的杀螟松乳油 1 000 ~ 1 500 倍液。 3）幼虫脱果前，采摘被害果，收集落地虫果，集中深埋，减少第 2 年虫口密度
云斑天牛[*Batocera horsfieldi*（Hope）]	1）6 月上旬的产卵前期； 2）6 ~ 8 月成虫发生期； 3）周年幼虫为害期	1）虫产卵前树干涂白（用硫黄粉 1 份、石灰 10 份、水 40 份拌成浆涂干）。 2）成虫期用灯光诱杀或人工捕杀成虫。 3）幼虫产卵期刮除树干上月牙形产卵槽中的虫卵和幼虫。 4）幼虫为害期，发现排粪孔后，用细铁丝钩杀幼虫；或用磷化铝毒丸 1 克塞入虫孔
核桃小吉丁虫（*Agrilus* sp.）	1）冬、春季节； 2）7 ~ 8 月产卵期和卵孵化期	1）加强对核桃树的肥水、修剪和病虫害防治等综合管理，促进树体旺盛生长。 2）冬季至羽化前结合修剪，剪除并烧毁虫害枝。 3）7 ~ 8 月，发现幼虫蛀入的通气孔涂抹 5 ~ 10 倍的氧化乐果液。 4）结合防治核桃举肢蛾，在成虫产卵期和卵孵化期，树上喷 10% 的氯氰菊酯乳油 1 500 ~ 2 500 倍液；20% 的速灭杀丁 3 000 ~ 4 000 倍液；50% 的杀螟松乳油 1 000 ~ 1 500 倍液
木撩尺蠖（*Culcula panterinaria* Bremer et Grey）	1）6 ~ 8 月成虫发生期； 2）6 月上旬的幼虫为害初期	1）成虫期黑灯光诱杀。 2）幼虫为害期喷 50% 的杀螟松乳油 1 000 ~ 1 500 倍液；50% 的辛硫磷乳油 2 000 倍液或 20% 的速灭杀丁 3 000 ~ 4 000 倍液

续表

害虫种类	防治时间	防治方法
刺蛾类 黄刺蛾 [*Cnidocampa Flavescens*（Walker）] 扁刺蛾 [*Thosea sinensis*（Walker）]	1）秋冬季和春季； 2）5 ~ 7 月成虫发生期和幼虫为害期	1）摘除树上的黄刺蛾茧，深翻树盘，挖褐刺蛾茧、扁刺蛾茧，击碎树干基部的青刺蛾茧。 2）黑光灯诱杀成虫。 3）幼虫为害期喷 50% 的辛硫磷乳油 1 000 倍液；10% ~ 20% 的速灭杀丁 3 000 ~ 4 000 倍液；50% 的杀螟松乳油 1 000 ~ 1 500 倍液
核桃瘤蛾 [*Nola distributa*（Walker）]	1）土壤封冻前和春季萌芽前； 2）6 ~ 9 月幼虫为害期	1）入冬前翻树盘和春季萌芽前刮树皮消灭越冬蛹茧。 2）树干绑草把诱杀。 3）幼虫发生期喷药防治（方法同刺蛾类）
舞毒蛾 （*Lymantria dispar* L.）	1）萌芽以前； 2）4 ~ 5 月幼虫为害初期	1）人工采集卵块。 2）发芽前 1 ~ 3 天和幼虫为害期，树干用 2.5% 的敌杀死 100 倍液涂毒环，树下扣石板等进行诱杀。 3）幼虫为害期树上喷 20% 的速灭杀丁 3 000 ~ 4 000 倍液；10% 的氯氰菊酯乳油 1 500 ~ 2 500 倍液
草履介壳虫 [*Drosich Corpulenta*（Kuwana）]	1）2 ~ 3 月卵孵化后至若虫上树； 2）4 月树萌芽前后	1）若虫上树前树干涂 10 ~ 15 厘米宽的粘胶带（机油 1 份、沥青 1 份，加热熔化后涂抹），树下根颈部表土喷 6% 的柴油乳剂。 2）萌芽前树上喷 3°~5° 的石硫合剂，萌芽后喷 40% 的乐果 600~800 倍液。 3）保护好黑缘红瓢虫、暗红瓢虫等天敌
黄须球小蠹虫 （*Sphaertrypes Coimdatorensis* Stebb）	1）春季发芽后； 2）6 ~ 7 月羽化期	1）落叶前，结合修剪将有虫枝剪掉烧毁。 2）发芽后至羽化前将所有病虫害和冻伤枝全部剪掉烧毁，可基本控制为害。 3）发芽后，每株树上吊 3 ~ 5 束半干枝作诱饵，诱集成虫到此产卵并集中烧毁。 4）6 ~ 7 月结合举肢蛾、刺蛾防治方法每隔 10 ~ 15 天喷一次 10% 的氯氰菊酯乳油 1 500 ~ 2 500 倍液、2.5% 的敌杀死 3 000 ~ 4 000 倍液、50% 的杀螟松乳油 1 000 ~ 1 500 倍液

附录 B 核桃主要病害及防治方法

核桃病害防治方法一览表

病害名称	防治时间	防治方法
核桃炭疽病 [*Clomerella Cingulata*（Stonem）Spauld. et Schrenk]	6 ~ 8 月病害感染和发生期	1）选栽抗病品种。 2）加强栽培管理，改善果园的通风透光条件，清除病枝、落叶并集中烧毁。 3）树上交替喷洒保护性杀菌剂 1：2：200 波尔多液；40% 的退菌特 800 倍液；50% 的甲基托布津 800 ~ 1 000 倍液
核桃细菌性黑斑病 [*Xanthomonas Juglandis*（pierce）Dowson]	4 ~ 5 月核桃萌芽前和雌花开花前后	1）结合修剪清除病枝、病果并烧毁，减少初次感染病源。 2）及时防治举肢蛾、山核桃蚜虫、长足象等果实害虫，减少伤口和传播媒介。 3）发病严重的地区在核桃萌芽前喷 2° 石硫合剂，雌花开花前后和幼果期喷 50% 的甲基托布津 800 ~ 1 000 倍液；40% 的退菌特 800 倍液 1~3 次。 4）选用抗病品种
核桃腐烂病 （*Cytospora Juglandicola* Ell. et Barth）	1）4 ~ 5 月发病高峰期； 2）秋季和入冬前	1）选择好园地，加强栽培管理，提高树体营养水平，增强树势，提高抗病能力。 2）即时检查，发现病斑及时刮治，刮后用 40% 的福美砷 50 倍液、5° 石硫合剂涂抹消毒。 3）入冬前结合修剪，剪除病虫枝，刮除病皮病斑，集中烧毁，并进行树干涂白
核桃干腐病 （*physalospora juglandis* Syd. et Hara）	1）5 月病害发生高峰期； 2）初夏酷暑到来以前	1）选择适宜的园地，加强管理，提高树势和树体的抗病能力。 2）及时发现病斑并进行刮治，刮后涂 40% 的福美砷 50 倍液、5° 石硫合剂涂抹消毒，然后再涂波尔多液进行保护。 3）夏季骨干枝涂白，预防日灼和害虫

续表

病害名称	防治时间	防治方法
核桃枝枯病（*Physalospora Juglandis* Syd. et Hara）	1）秋季和越冬前； 2）6 ~ 8 月雨季到来前至发病高峰期	1）加强管理，及时防治害虫，增强树势，减少衰弱枝和伤口，保持果园的通透性。 2）清除病枝、枯死株并集中烧毁，减少初染病源。 3）雨季到来以前至发病高峰期，用 70% 的代森锰锌 300 倍液连续喷 3 次，每隔 10 天喷一次
核桃溃疡病（*Dothiorella Gregaria* Sacc）	1）入冬以前； 2）5 ~ 6 月和 9 ~ 10 月病害发生期	1）加强管理，增强树势，提高树体抗病能力。 2）树干和骨干枝涂白，防止冻害和日烛。 3）发现病斑后，选刮病部皮层至木质部，再涂以 3° 石硫合剂、1% 的硫酸铜等药剂
核桃褐斑病[*Marssonina Juglandis*（Lib）Magn]	1）入冬前； 2）6 ~ 7 月病菌感染期	1）除病枝、病叶和病果，集中深埋，减少病源。 2）6 月中旬和 7 月上旬各喷一次 1∶2∶200 的波尔多液或 50% 的甲基托布 800 倍液

参 考 文 献

［1］陈起伟. 核桃子苗就地嫁接技术［J］. 中国南方果树，2003，32（5）：14–15.

［2］邓金龙.我国核桃生产现状及发展策略［J］. 林产工业，2016（10）.

［3］高清华，段可. 我国核桃繁殖技术研究进展［J］. 果树科学，2000（3）：220–224.

［4］高焕章，吴楚. 我国核桃嫁接技术应用研究进展［J］. 湖北农学院学报，2002，22（3）：278–281.

［5］高新一，王玉英. 果树整形修剪技术［M］. 北京：金盾出版社，2015.

［6］范志远，习学良. 核桃芽苗砧坐地嫁接育苗新技术. 中国南方果树，2004，33（06）：93.

［7］高智辉，翟梅枝，王云果. 核桃高接换优技术总结［J］. 西北园艺（果树专刊），2010（03）：27–29.

［8］高智辉，翟梅枝，王云果，等. 核桃病害标准化综合防治方法［J］. 陕西林业科技，2009（04）：62–66.

［9］郝艳宾，齐建勋.图解核桃良种良法［M］. 北京：科学技术文献出版社，2013.

［10］韩华柏，何方. 我国核桃育种的回顾和展望［J］. 经济林研究，2004（3）：48–53.

［11］罗秀钧，魏玉君. 优质高档核桃生产技术［M］. 郑州：中原农民出版社，2003.

［12］罗明英，戴俊生. 世界核桃生产形势与贸易格局. 世界农业，2014（10）.

[13] 李婉秋，李守玉. 核桃树多头高接技术［J］. 河北果树，1989（2）：42-44.

[14] 李建中. 核桃栽培新技术. 郑州：河南科学技术出版社，2009.

[15] 梁海林，李卫东. 核桃嫁接后的管理技术. 落叶果树，2012（4）.

[16] 钱春. 核桃子苗嫁接育苗技术. 中国南方果树，2000，29（6）：45.

[17] 任君玉，梁英，王根宪. 核桃高接换优技术及接后管理措施. 现代园艺，2015（11）.

[18] 沈慧. 介绍几种核桃砧木. 落叶果树，2011（1）：61.

[19] 魏玉君. 薄皮核桃［M］. 郑州：河南科学技术出版社，2006.

[20] 魏玉君. 优质核桃高效生产技术图谱［M］. 郑州：河南科学技术出版社，2018.

[21] 魏耀峰，王根宪. 提高核桃高接换优成活率的技术措施. 西北园艺：果树专刊，2015（5）.

[22] 吴国良，段良骅. 图解核桃整形修剪［M］. 北京：中国农业出版社，2012.

[23] 吴浪，曾庆良. 核桃芽苗砧嫁接技术. 林业实用技术，2001，19（4）：40-41.

[24] 王贵. 现代核桃修剪手册［M］. 北京：中国林业出版社，2014.

[25] 王天元，王昭新. 核桃高效栽培［M］. 北京：机械工业出版社，2013.

[26] 王玉兴. 核桃插皮舌腹接技术. 中国果树，2013（6）：66-67.

[27] 王守龙，李中国. 核桃高接换优规范化操作技术. 北方园艺，2010（22）：75-76.

[28] 郗荣庭，张毅萍. 中国核桃. 北京：中国林业出版社，1992.

[29] 原双进，刘朝斌. 核桃栽培技术. 西安：西北农林科技大学出版社，2005.

[30] 张峰，李文胜，田宝元，等. 核桃不同嫁接方法对比试验. 新疆农业大学学报，2009，32（2）：11-13.

[31] 张文越，土钧毅. 核桃实生树改接换优技术规程. 落叶果树，

2011（3）：30–31.
[32] 张毅萍，朱丽华. 核桃高产栽培. 北京：金盾出版社，2006.
[33] 张志华，王红霞，赵书岗. 核桃安全优质高效生产配套技术[M]. 北京：中国农业出版社，2009.
[34] 张传来，等. 北方果树整形修剪技术[M]. 北京：化学工业出版社，2011.
[35] 张和，张金环. 核桃高接换优技术及其管理. 陕西农业科学，2015（24）.
[36] 周泽胜. 核桃林的生态价值. 经济林研究，2001（3）：33.
[37] 赵国斌，杨文辉. 核桃良种苗培育及核桃建园技术. 中国园艺，2012（2）：170–172.
[38] 朱丽华. 核桃嫁接繁殖成活率影响因子综述. 经济林研究，1991，9（2）：57–60.